11
1970

Faserforschung und Textiltechnik

WISSENSCHAFTLICH-TECHNISCHE ZEITSCHRIFT
FÜR DIE CHEMIEFASER- UND TEXTILINDUSTRIE

AUS DEM INHALT

Bobeth, Faulstich, Sonntag
und Tausch-Marton
Automatische Textilprüfung
mit elektronischer Meßwerterfassung
und Meßwertauswertung
am Beispiel der Axialdruckprüfung

Glöckner
Modell zur Demonstration
von Zahlenmittel, Massemittel usw.
an Systemen
mit stetigen Kettenlängenverteilungen

Philipp, van Nghi und Baudisch
Untersuchungen zum Einfluß
von Carboxyl- und Carbonylgruppen
auf den Verlauf
des thermischen und äthanolytischen Abbaus
der Cellulose
2. Mitt.: Thermischer Abbau
verschiedenartig hergestellter
Oxycellulosen

Gröbe und Gensrich
Elektronenmikroskopische Untersuchungen
an Ultradünnschnitten
von Celluloseregeneratfäden
Teil V: Die Struktur von Mantel/Kern-Fäden

Linow und Philipp
Zur Bestimmung
der relativen Molekülmasse
von Polyacrylnitril
mittels Sedimentations-
und Viskositätsmessungen

Pechoč
Numerische Differentiation
von Versuchskurven

18. und 19. Mitteilung
des FA Textilterminologie
der Kammer der Technik

KurzeMitteilungen

Differentialanalytische
und thermogravimetrische Analyse
der Polyesterfaser „YAMBOLEN“

Neue Bücher

Patentschau

Literaturschau

AKADEMIE-VERLAG BERLIN

Faserforsch. u. Textiltechnik • 21. Jahrg. • Heft 11 • Seiten 453—500 • Berlin im November 1970

QUALITÄTS
GRUNDSTOFFE
AUS SCHKOPAU
GRUNDLAGE
ECHTER SPITZEN
ERZEUGNISSE

DK 681.34-34/-38:53.08:677.017.43:677.014.86

Bobeth, Wolfgang, Faulstich, Heidemarie, Sonntag, Peter, und *Tausch-Marton, Harald*

Automatische Textilprüfung mit elektronischer Meßwerterfassung und Meßwertauswertung am Beispiel der Axialdruckprüfung

Faserforsch. u. Textiltechnik **21** (1970) 11, S. 453—459. 6 Abb., 8 Lit.

Anhand eines noch neuen Prüfverfahrens zur Eigenschafts- und Struktur-untersuchung von Faserstoffen wird eine Anlage zur Erfassung und Auswertung der nach diesem Verfahren erhaltenen Prüfwerte beschrieben. Die Meßwerte werden nach analog-digitialer Wandlung auf einem Lochstreifen mit entsprechenden Zusatzinformationen abgespeichert. Die Auswertung des Lochstreifens erfolgt nach einem vorgegebenen variablen Programm und liefert alle interessierenden Parameter einer Spannungs-Stauchungs- bzw. Dehnungs-Schaulinie mit statistischen Angaben. Die Anlage arbeitet wahlweise handgesteuert oder automatisch.

DK 519.25:541.24:[681.26:531.232]

Glöckner, Gottfried

Modell zur Demonstration von Zahlenmittel, Massemittel usw. an Systemen mit stetigen Kettenlängenverteilungen

Faserforsch. u. Textiltechnik **21** (1970) 11, S. 460—464. 8 Abb.

Die Mittelwerte von Verteilungsfunktionen werden mit Hilfe einer Drehmomentwaage und Modellkörpern mit Profilen nach Verteilungsfunktionen bestimmt. Als Beispiel wird die Demonstration von Zahlenmittel und Massemittel beschrieben. Im Gegensatz zu Modellrechnungen lassen sich auch höhere Mittelwerte veranschaulichen.

DK 547.458.81:633.511:677.463:546.157′33:546.133.3′33 [536.495:542.92]:542.943:541.24:547.28/29-02

Philipp, Burkart, van Nghi, Dinh, und *Baudisch, Josef*

Untersuchungen zum Einfluß von Carboxyl- und Carbonylgruppen auf den Verlauf des thermischen und äthanolytischen Abbaus der Cellulose
2. Mitt.: Thermischer Abbau verschiedenartig hergestellter Oxycellulosen

Faserforsch. u. Textiltechnik **21** (1970) 11, S. 465—469. 3 Abb., 3 Tab., 6 Lit.

Es wurde der Einfluß von Carboxylgruppen auf den thermischen Abbau von nativen Baumwoll-Linters und Normalviskoseseide untersucht, die mit Natriumperjodat, Kaliumbichromat und Distickstofftetroxid sowie anschließend mit Natriumchlorit oxydiert worden waren. Die Erhöhung des Gehaltes an Carboxylgruppen führt zu einem rascheren DP-Abfall bei thermischer Behandlung. Dies gilt sowohl für verschiedene Abbautemperaturen als auch für verschiedene Oxydationsmethoden. Während des thermischen Abbaus erfolgt in allen Fällen eine erhebliche Abnahme des Carboxylgruppengehaltes, die sowohl gleichermaßen vom übermolekularen Bau der Ausgangsprobe als auch vom Oxydationsverfahren abhängig ist. Eine Differenzierung der Carboxylgruppen in den Oxycellulosen vor und nach thermischem Abbau war nicht möglich, da sowohl Accessibilitäts- als auch Aciditätsunterschiede die Meßwerte beeinflussen.

DK 677.463:677.021.125:677.021.125.3:677.463.061.3:546.226:537.533.35

Gröbe, Anneliese, und *Gensrich, Heinz Jürgen*

Elektronenmikroskopische Untersuchungen an Ultradünnschnitten von Celluloseregeneratfäden
Teil V: Struktur von Mantel/Kern-Fäden

Faserforsch. u. Textiltechnik **21** (1970) 11, S. 470—482. 17 Abb., 4 Tab., 29 Lit.

Zum Studium des Einflusses von Zink und Modifikator auf die Strukturbildung wurden Celluloseregeneratfäden in einem Spinnbad von 1 n H_2SO_4 und 2 n Na_2SO_4 mit steigendem Gehalt an Zinksulfat und verschiedenen Temperaturen ohne Reckung ersponnen und im primären Gelzustand als Ultradünnschnitte elektronenmikroskopisch sowie nach der Trocknung der Fäden als Dünnschnitte lichtmikroskopisch untersucht. Die Querschnittsmorphologie dieser Fäden ist durch die Differenzierung in eine Randzone dichter Cellulosepackung und in ein lockeres dreidimensionales Cellulosenetz gekennzeichnet, die den bekannten Strukturzonen Mantel und Kern entsprechen.

DK 678.745.32:541.24:532.13.08:532.133.08

Linow, Karl-Joachim, und *Philipp, Burkart*

Zur Bestimmung der relativen Molekülmasse von Polyacrylnitril mittels Sedimentations- und Viskositätsmessungen

Faserforsch. u. Textiltechnik **21** (1970) 11, S. 483—486. 5Abb., 1 Tab., 14 Lit.

Es wird über die Anwendung von Sedimentations-Viskositäts-Messungen zur Bestimmung der relativen Molekülmasse von Homopolymeren des Acrylnitrils berichtet. Die erhaltenen Ergebnisse werden mit Literaturdaten verglichen, und es wird eine Eichbeziehung für viskosimetrische Messungen angegeben.

DK 518.43:513.61:681.322-34/-38

Pechoč, Vladimir

Numerische Differentiation von Versuchskurven

Faserforsch. u. Textiltechnik **21** (1970) 11, S. 487—490, 4 Abb., 2 Tab., 4 Lit.

Zur Gewinnung der ersten und zweiten Ableitungen sowie zur Bestimmung der Koordinaten der Wendepunkte von experimentell ermittelten Kurven wird eine Art numerischer Differentiation angeführt, bei der gleichzeitig ein Ausgleich der Versuchswerte mit Hilfe der Methode der kleinsten Quadrate durchgeführt wird. Als Ergebnis der Differentiation, die vorteilhaft mit Hilfe eines elektronischen Digitalrechners durchgeführt wird, ergeben sich die Werte der ersten und zweiten Ableitungen in allen Versuchspunkten und die Koordinaten aller Wendepunkte der Ausgangskurve.

DK 001.4:003.62:677-418

18. und 19. Mitteilung des FA Textilterminologie der Kammer der Technik

Faserforsch. u. Textiltechnik **21** (1970) 11, S. 491.

Kurze Mitteilungen

DK 677.494.674′524′420:543.226/.227:[536.495:542.92]:542.929.4:539.26

Dimov, K., Betschev, Chr., Lasarova, R., und *Alexandrova, Iv.*

Differentialanalytische und thermogravimetrische Analyse der Polyesterfaser „YAMBOLEN“

Faserforsch. u. Textiltechnik **21** (1970) S. 492—494. 5 Abb., 8 Lit.

Neue Bücher S. 494.

Patentschau S. 495—497.

Literaturschau S. 497—500.

Die Zeitschrift „Faserforschung und Textiltechnik" erscheint monatlich in Heften zu 48 Textseiten im Format A 4. Der Preis für das Einzelheft beträgt M 15,— (Sonderpreis für DDR M 9,—), für den Vierteljahrbezug M 45,— (Sonderpreis für DDR M 27,—), zuzügl. Bestellgeld. Die Berechnung erfolgt zu Beginn eines Vierteljahrs für 3 Hefte. Bestellungen aus dem Gebiet der Deutschen Demokratischen Republik an ein Postamt, eine Buchhandlung oder den Verlag, aus der Deutschen Bundesrepublik an eine Buchhandlung oder die Auslieferungsstelle Kunst und Wissen, Erich Bieber, 7 Stuttgart 1, Wilhelmstraße 4—6, aus dem Ausland an eine Importbuchhandlung, den Deutschen Buch-Export und -Import GmbH., 701 Leipzig, Postschließfach 276, oder den Akademie-Verlag GmbH., 108 Berlin, Leipziger Str. 3—4 (Fernruf: 220441; Telex-Nr. 0112020; Postscheckkonto 35021) erbeten. Bestellnummer dieses Heftes: 1014/20/11. Alleinige Anzeigenannahme DEWAG-WERBUNG, 102 Berlin, Rosenthaler Str. 28/31, und alle DEWAG-Betriebe in den Bezirksstädten der DDR. — Bestellungen in der UdSSR nehmen entgegen: Städtische Abteilungen von „SOJUZPECHATJ" bzw. Postämter und Postkontore.

Herausgeber und verantwortlich für den Inhalt: Prof. Dr. Erich Correns, Institut für Faserstoff-Forschung der Deutschen Akademie der Wissenschaften zu Berlin, 153 Teltow-Seehof, Fernruf: Teltow 4831; Prof. Dr.-Ing. habil. Wolfgang Bobeth, Institut für Technologie der Fasern der Deutschen Akademie der Wissenschaften zu Berlin, 801 Dresden, Hohe Str. 6, Fernruf: 44721; Prof. Dr.-Ing. Hans Böhringer, Institut für Textiltechnologie der Chemiefasern Rudolstadt, Fernruf: Rudolstadt 2031; Prof. Dr. Hermann Klare, Prof. Dr. habil. Burkart Philipp und Dr. habil. Christian Ruscher, Institut für Faserstoff-Forschung der Deutschen Akademie der Wissenschaften zu Berlin, 153 Teltow-Seehof, Fernruf: Teltow 4831. Schriftleiter: Joachim Brämer und Dipl.-Chem. Ingeborg Ruscher, 153 Teltow-Seehof, Kantstr. 55. Verlag: Akademie-Verlag GmbH., 108 Berlin, Leipziger Str. 3—4. Satz und Druck: Druckhaus „Maxim Gorki", 74 Altenburg. — Veröffentlicht unter der Lizenznummer 1280 des Presseamtes beim Vorsitzenden des Ministerrates der Deutschen Demokratischen Republik.

Manuskriptsendungen sind an einen der Herausgeber oder die Schriftleitung zu richten. Für Inhalt und Form gelten die „Richtlinien für die Annahme und Abfassung von Beiträgen", erhältlich von der Schriftleitung. Die Verfasser größerer wissenschaftlicher Arbeiten erhalten außer dem Honorar ein Heft und 50 Sonderdrucke ihrer Arbeit unentgeltlich.

Faserforschung und Textiltechnik

WISSENSCHAFTLICH-TECHNISCHE ZEITSCHRIFT FÜR DIE CHEMIEFASER- UND TEXTILINDUSTRIE

Band 21 November 1970 Heft 11

Automatische Textilprüfung mit elektronischer Meßwerterfassung und Meßwertauswertung am Beispiel der Axialdruckprüfung

Wolfgang Bobeth, Heidemarie Faulstich, Peter Sonntag und Harald Tausch-Marton

Technische Universität Dresden, Sektion Verarbeitungs- und Verfahrenstechnik, Bereich Textiltechnik

DK 681.34-34/-38:53.08:677.017.43:677.014.86

Anhand eines noch neuen Prüfverfahrens zur Eigenschafts- und Strukturuntersuchung von Faserstoffen wird eine Anlage zur Erfassung und Auswertung der nach diesem Verfahren erhaltenen Prüfwerte beschrieben. Die Meßwerte werden nach analog-digitaler Wandlung auf einem Lochstreifen mit entsprechenden Zusatzinformationen abgespeichert. Die Auswertung des Lochstreifens erfolgt nach einem vorgegebenen variablen Programm und liefert alle interessierenden Parameter einer Spannungs-Stauchungs- bzw. Dehnungs-Schaulinie mit statistischen Angaben. Die Anlage arbeitet wahlweise handgesteuert oder automatisch.

Автоматизированные текстильные испытания с электронным измерением и электронной обработкой измеряемой величины на примере испытания на сжатие в осевом направлении

На примере одного нового метода для исследования свойств и строения волокнистых материалов описывается устройство для измерения и обработки полученных этим методом данных. После аналог-цифрового превращения данные вместе с соответствующими дополнительными информациями регистрируются на перфоленте. Обработка перфоленты происходит по заданной переменной программе. После обработки перфоленты получаются все интересующие показатели со всеми статистическими данными диаграммы натяжение-сжатие или диаграммы нагрузка-удлинение. Устройством по выбору можно управлять ручным или автоматическим способом.

Automatic Textile Testing by Electronic Data Scanning and Evaluation demonstrated by an Axial Pressure Tester

A device for scanning and evaluating the data obtained by a new testing method for the structure and properties of fibres is described. The data are stored, after analogue-digital transformation, on a punched tape together with additional information. The evaluation of the tape according to exchangable programs yields all essential parameters of stress-compression and stress-strain characteristics. The device can be operated by hand or automatically.

Einleitung

Der Textilprüfung sind eine Reihe von Aufgaben, wie die Produktionskontrolle, die Prüfung der Verarbeitbarkeit, die Qualitäts- bzw. Gebrauchswerterfassung sowie Problemanalysen und Untersuchungen funktioneller Zusammenhänge, gestellt. Bei der Weiter- und Neuentwicklung von Prüfgeräten und -verfahren fallen verschiedene Tendenzen auf. So werden für häufig angewandte Verfahren die Geräte in Richtung eines automatischen Prüfablaufes verbessert, für neue Faserstoffe einerseits und neue Einsatzgebiete andererseits entwickelt man schrittweise immer vollkommnere Untersuchungsmethoden und Geräte, und schließlich entstehen auch zur Ermittlung funktioneller Zusammenhänge neuartige Verfahren. Zu diesem letzten gehört die Axialdruckprüfung als ein junges Prüfverfahren für Faserstoffe. Der Prüfling unterliegt hierbei einer Beanspruchung, die der Zugspannung in Faserlängsachse genau entgegengesetzt ist (Bild 1).

Die ersten Veröffentlichungen zu diesem Thema machten 1960 *Baker* [1] sowie *Miles* [2]. *Baker* nahm Axialdruckspannungs-Stauchungs-Schaulinien für Polyamid und Polyäthylen bei verschiedenen Probenabmessungen auf und bestimmte den Elastizitätsmodul für Axialdruck. *Miles* ermittelte darüber hinaus noch den Elastizitätsgrad für Axialdruck- sowie Zugbeanspruchung.

Ein Jahr später veröffentlichte *Denbye* [3] seine Arbeiten zum Axialdruckverhalten von Keratinfaserstoffen, wobei er sich vorwiegend dem Einfluß der Quellung durch Wasser widmete. *Elder* stellte schließlich 1965 die Zug-, Axialdruck- und Biege-Elastizitätsmoduli für einige Chemiefaserstoffe fest. Die Arbeiten lieferten übereinstimmend das Ergebnis, daß zwischen dem Zug- und dem Axialdruckverhalten von Faserstoffen erhebliche Unterschiede bestehen. Gegenüber der Zugbeanspruchung führen bereits niedrige Kräfte bei der Axialdruckprüfung zu hohen Verformungen, und das elastische Verhalten ist schlechter.

Die dominierende Rolle in der Textilprüfung spielt bisher der Zugversuch, was so begründet werden kann, daß die ihm zugrunde liegende Beanspruchungsart auch bei der Verarbeitung und im Gebrauch der Faserstoffe häufig ist. Eine rein axiale Druckbeanspruchung tritt dagegen selten auf, wenn man von Erzeugnissen aus Chemieborsten, von Teppichen sowie dem Reifencord absehen will, denn dort knicken die Faserstoffe unter der

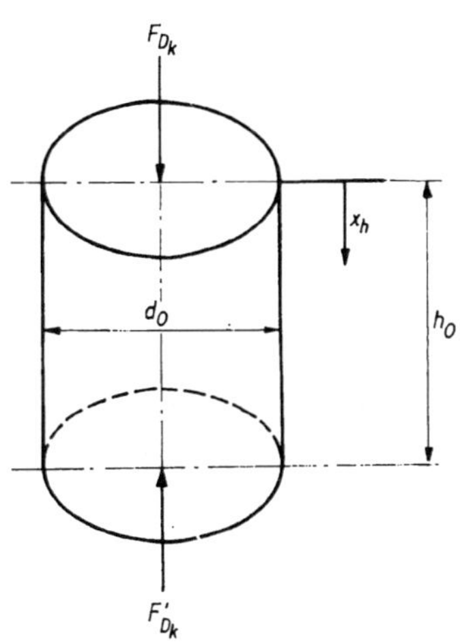

Bild 1
Axiale Druckkrafteinwirkung

einwirkenden Druckkraft aus. Jedoch ist jede Biegung ein Vorgang, bei dem sich Zug- und Druckspannungen im Faserstoff das Gleichgewicht halten. Daher wird das beispielsweise für textile Faserstoffe sehr wichtige Knitterverhalten gleichermaßen vom Zug- und Axialdruckverhalten bestimmt. Diese Zusammenhänge beschrieb *Peschel* [4] theoretisch.

Das hier behandelte Thema ist Bestandteil einer umfassenden Arbeit [5]. Eigene Untersuchungen darin bestätigen die Korrelation zwischen Knittererholung sowie Zug- und Druckfestigkeit für Polyesterfaserstoffe. Es war ferner möglich, bestehende Hypothesen zum strukturellen Aufbau von Naturfaserstoffen und Chemiefaserstoffen durch deren Axialdruckverhalten zu erhärten [6].

1. *Technologische Forderungen an Probenfertigung, Axialdruck-Prüfgerät und Auswertanlage*

Mit dem vorangegangenen kurzen Abriß sollte gezeigt werden, daß dieses junge Prüfverfahren für verschiedene Bereiche der Textiltechnik interessant ist. Zur Prüfung können jedoch nur Proben gelangen, deren Länge (hier auch Höhe) etwa gleich dem Probendurchmesser ist, um das Ausknicken der zylindrischen Proben während der Prüfung zu verhindern. Die Probenendflächen müssen planparallel und eben geschnitten sein. Es ergibt sich somit eine Reihe von Schwierigkeiten bei der Probenfertigung, auf die bereits früher eingegangen wurde [7], und der Wahl eines geeigneten Prüfgerätes.

An ein solches Gerät müssen folgende, zum Teil auch schon in [7] formulierte Bedingungen gestellt werden, um unter definierten und reproduzierbaren Bedingungen Axialdruckversuche automatisch vornehmen zu können:

1. Die von dem Gerät auf die Probe übertragenen Kräfte sollen eindeutig axial wirken.
2. Die Be- und Entlastung des Prüflings soll automatisch und mit zeitlich konstanter Kraftänderung erfolgen, und zwar in einem möglichst weiten, einstellbaren Bereich der Kraftänderungs-Geschwindigkeit.
3. Die Prüflinge sollen einer definierten, einstellbaren Vorspannkraft unterworfen sein.
4. Die Anfangsprobenhöhe (Einspannlänge) jeder Einzelprobe sowie die während des Prüfvorganges eintretenden Längenänderungen (Stauchungen) sollen von einem Meßwertgeber erfaßt werden können.
5. Die Vorgabe der Proben zur Prüfstelle und deren Abnahme von dort sollen automatisch erfolgen.
6. Bei Ende einer Versuchsreihe soll das Gerät selbsttätig abschalten.
7. Die Probe soll während des Prüfvorganges mikroskopisch beobachtet werden können.

Weitere Forderungen werden an die elektronische Erfassung und Verarbeitung der Meßwerte gestellt:

8. Die Meßwerte sollen automatisch erfaßt werden.
9. Die Meßwerte sind in maschinenlesbarer Form auf einem geeigneten Datenträger abzuspeichern.
10. Fehlerhafte oder fehlerhaft vorgegebene Proben sollen für die Meßwertauswertung ausgeklammert werden, und die tatsächliche Anzahl von Einzelversuchen pro Versuchsreihe soll gezählt werden.
11. Bei der maschinellen Auswertung der Meßreihen durch einen elektronischen Rechner sind folgende Größen auszudrücken:

11.1. eine wählbare Anzahl von Koordinaten der Mittelwert-Axialdruckspannungs-Stauchungs-Schaulinie (mit Streuungsquadrat (s^2), Standardabweichung (s), Variationskoeffizient (V) sowie prozentualen und absoluten Vertrauensgrenzen des Mittelwertes (p, $q_{o,u}$) für die Koordinate Stauchung),

11.2. die mittlere Axialdruckfestigkeit (mit p und $q_{o,u}$ des Mittelwertes),

11.3. die zur mittleren Axialdruckfestigkeit gehörende Stauchung (Fließstauchung) in Prozent (mit s^2, s, V, p, $q_{o,u}$ des Mittelwertes),

11.4. der Anfangselastizitätsmodul für Axialdruck (mit p und $q_{o,u}$ des Mittelwertes).

Für die statistischen Angaben ist die vorzugebende statistische Sicherheit mit $S = 95\%$, $S = 99\%$ und $S = 99{,}9\%$ wählbar.

2. *Konstruktiver Aufbau des Axialdruck-Prüfgerätes*

Bild 2 zeigt den prinzipiellen Aufbau eines unter den oben genannten Gesichtspunkten entwickelten Gerätes. Das Aufbringen der Druckkraft geschieht über einen auf der Schneide (1) ruhenden Belastungshebel (2), den eine Ausgleichsmasse (3) in Gleichgewichtslage bringt. Das lange Ende des Hebels trägt die obere Druckplatte (4). Sie ist mit Hilfe eines speziellen Verfahrens im Abstand von 4 mm zu dem darunter liegenden Trägerring (5) planparallel ausgerichtet worden. Dieser Ring ruht auf dem Drucktisch (6) und den Stützen (7). Als Probenträger dienen Endmaßplättchen (8), die frei auf dem Trägerring innerhalb von Aussparungen des Probenmagazines (9) aufliegen, in diesem vertikal frei beweglich sind und durch Drehung des Probenmagazines radial um dessen Mittelpunkt bewegt werden können. Das Probenmagazin wird von einer Konsole (10) und einer Trägerscheibe (11) gestützt und erhält über diese vom Antriebsblock II aus seine Rotationsbewegung.

Zwischen oberer Druckplatte und jeweils einem Endmaßplättchen wird eine Probe (12) der Axialdruckbeanspruchung unterworfen. Die Höhe der in das Probenmagazin eingesetzten Endmaße ist so zu wählen, daß ihre Summe mit der Probenhöhe zu Beginn des Versuches 4 mm beträgt, sich also der Belastungshebel im Gleichgewichtszustand befindet. Werden Versuchsreihen mit 0,5 mm Probenhöhe durchgeführt, sind demnach 3,5 mm hohe Endmaße zu verwenden.

Das Probenmagazin besitzt außer den Aussparungen für die Endmaßplättchen noch Bohrungen (13). Über eine Lichtquelle (14) über dem Probenmagazin und eine Fotodiode darunter kann der Antrieb des Probenmagazines so gesteuert werden, daß es nach jeder Bewegung wieder eine definierte Stellung einnimmt, die der mittigen Lage der Probe unter der oberen Druckplatte entspricht.

Die Belastung wird durch eine in der Nut des Belastungshebels geführte Belastungswalze (15) aufgebracht. Hierzu treibt der Motor IV über einen Zahnriemen (16) die Spindel (17) an, die in zwei Lagerböcken (18) mittig über dem Belastungshebel gelagert ist. Auf der Spindel befindet sich in einer Führungsschiene (19) die Spindelmutter (20); eine an ihr angebrachte geschlitzte Gabel (21) führt die Belastungswalze. Die Gabel selbst kann auf Grund der Schlitzführung keine vertikale Kraft auf die Walze ausüben, so daß auf den Belastungshebel allein die Masse der Walze wirkt.

Auf die Probe wirkt keine Kraft, wenn die Belastungswalze mittig über der Schneide steht. Die Ausgangsstellung der Belastungswalze befindet sich zu Beginn des Belastungsvorganges so weit in Richtung der Meßstelle verschoben, daß die Proben der erforderlichen Vorspannkraft unterliegen. An dieser Stelle endet auch die Entlastung. Ein Gleitstück (22) wird vertikal über den Antriebsblock III bewegt und beaufschlagt so über einen Verlängerungsarm den Belastungshebel an dessen kurzem Ende, wodurch sich dessen langes Ende hebt. Es wird erst beim nächsten Prüfvorgang wieder abgesenkt. Dadurch ist ein beliebig langsames Aufbringen der Vorspannkraft gewährleistet.

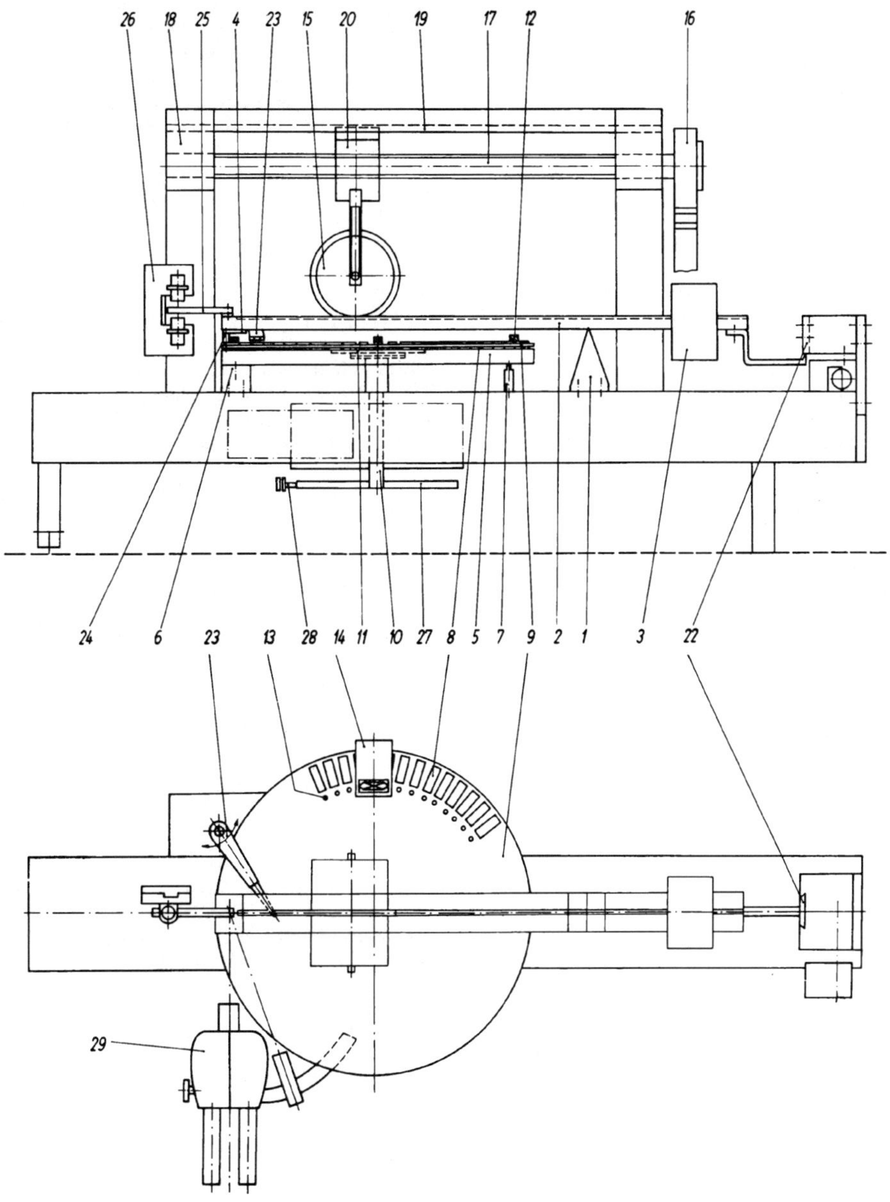

Bild 2. Prinzipdarstellung des Axialdruckprüfgerätes

Eine Probe kann nach dem Prüfvorgang durch Adhäsion mit der oberen Druckplatte verbunden bleiben. Sie würde dann am nachfolgenden Belastungsvorgang erneut teilnehmen und falsche Meßergebnisse hervorrufen. Ein Wischer (23), der seine Bewegung über die stehende Welle (24) vom Antriebsblock I erhält, sorgt daher nach jedem Prüfvorgang für die Abnahme der geprüften Probe.

Die Zunge (25) des Belastungshebels befindet sich im Feld der Magnetkerne des induktiven Wegaufnehmers IWB 102 (26). Damit wird die durch die Belastung der Probe eingetretene Stauchung erfaßt.

Die mit dem Probenmagazin verbundene Steuerscheibe (27) betätigt nach einem Umlauf des Probenmagazines bzw. nach einem vorher eingestellten Drehwinkel, d. h. also nach einer Versuchsreihe den Schalter [28]. Damit wird das Gerät abgeschaltet.

Das Lupenmikroskop (29) gestattet die Beobachtung der Probe, wodurch auch fotografische Aufnahmen während des Stauchprozesses möglich sind.

3. *Funktionsablauf des Axialdruck-Prüfgerätes*

Der Funktionsablauf des Axialdruck-Prüfgerätes läßt sich anschaulich anhand eines Programmablaufplanes, wie ihn Bild 3 zeigt, verfolgen. Grundsätzlich sind die drei Betriebsarten „Automatic", „Handsteuerung" und „Pendeln" durch Schalterwahl am Gerät einstellbar. Zunächst soll die Betriebsart „Automatic" näher betrachtet werden.

Nach der Vorwahl dieser Betriebsart ist die Taste „Transport" (2) zu betätigen. Der Motor I setzt den Wischer in Bewegung, so daß eine vom vorhergehenden Einzelversuch her noch an der Prüfstelle befindliche Probe abgenommen wird (3). Gleichzeitig beginnt durch den Motor II die Drehbewegung des Probenmagazines, und zwar soweit, daß eine neue Probe an den Prüf- und Meßort gelangt (5). Der Motor III senkt nun die obere Druckplatte und läßt somit die Vorspannkraft auf die Probe wirken (8). (Ist zu diesem Zeitpunkt keine Probe auf dem Magazin, wird die Druckplatte automatisch wieder gehoben und an der Stelle 2 des Pro-

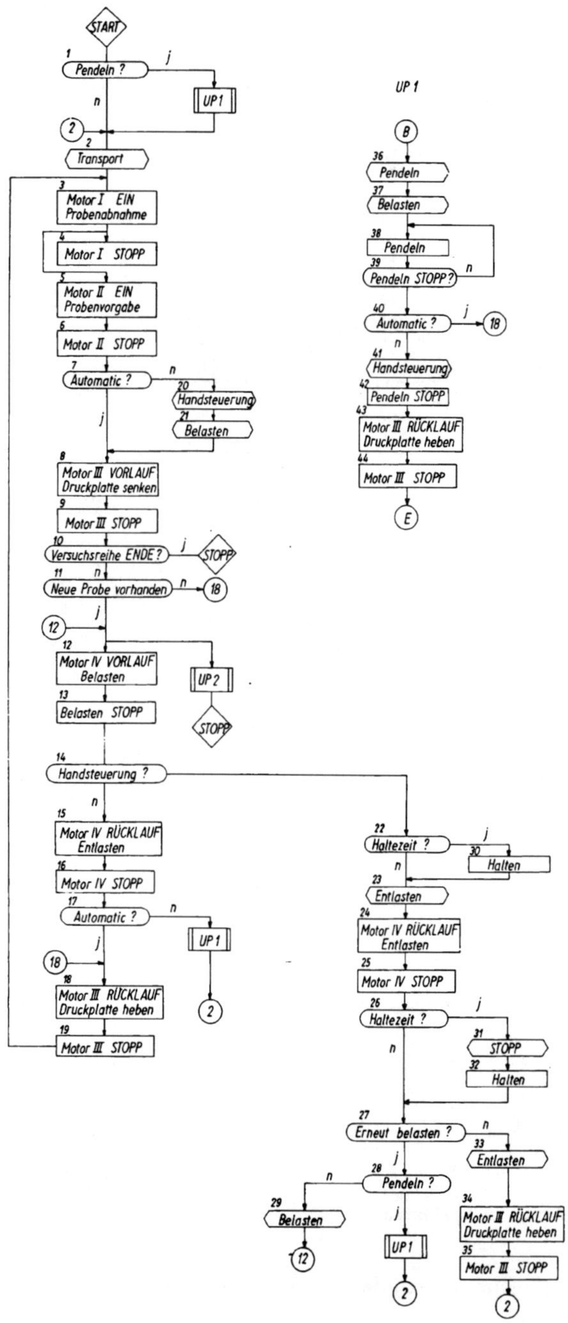

Bild 3. Programmablaufplan zum Axialdruck-Prüfgerät

grammablaufes neu eingesprungen.) Nun läuft Motor IV an und belastet kontinuierlich die Probe (12). Ist die eingestellte maximale Druckkraft erreicht, wird sofort entlastet (15). Die obere Druckplatte wird wieder gehoben, und der soeben beschriebene Ablauf wiederholt sich.

Das Ende der Versuchsreihe und damit des Programmablaufes wird nach maximal 60 Einzelversuchen durch die im vorhergehenden Abschnitt schon erwähnte Steuerscheibe gesetzt. Unter der Annahme, daß aus den schon angeführten Gründen einige Einzelversuche aus der Versuchsreihe ausfallen, verbleiben dann doch wenigstens 50 auswertbare Einzelversuche für eine Versuchsreihe. Es sei noch erwähnt, daß grundsätzlich auch mehr als eine Versuchsreihe auf die im nachfolgenden noch beschriebene Weise abgespeichert werden und auch in eine Auswertung eingehen kann.

Wird die Betriebsart „Handsteuerung" gewählt, ist wieder durch Tastendruck „Transport" der Ablauf der Probenabnahme und -vorgabe einzuleiten. Danach wird durch erneuten Tastendruck „Belasten" (21) die Vorspannkraft aufgebracht und anschließend bis zur eingestellten maximalen Druckkraft belastet. Jetzt kann eine Haltezeit eingefügt werden (30), oder es wird wiederum durch Tastendruck „Entlasten" die Druckkraft bis zur Vorspannkraft reduziert. Durch Betätigen der Taste „Stopp" ist eine neuerliche Haltezeit (32) möglich. Danach wird entweder dieselbe Probe erneut belastet (Taste „Belasten"), oder es wird durch Tastendruck „Entlasten" die obere Druckplatte abgehoben, um mit einem neuen Einzelversuch zu beginnen.

Die Handsteuermng ermöglicht also auch wiederholtes Be- und Entlasten sowie Haltezeiten.

Die Betriebsart „Pendeln" kann als Unterprogramm zur Betriebsart „Handsteuerung" betrachtet werden. Sie ermöglicht beliebig häufige Be- und Entlastungszyklen (Lastpendeln bei einstellbaren Minimal- und Maximalwerten). Dabei wirkt sich die hier angewandte nachfolgend beschriebene elektronische Meßwerterfassung günstig aus. Alle Einzelwerte lassen sich mühelos ablesen, dagegen ist bekanntlich die Auswertung von Diagrammen mit zyklischen Belastungs- und Entlastungsspielen sehr diffizil.

4. *Verarbeitung der analogen Meßwerte zur digitalen Abspeicherung auf einem maschinenlesbaren Datenträger*

Bei der in den vorhergehenden Abschnitten beschriebenen Axialdruck-Prüfmethode ist als signifikante Größe die Längenänderung (Höhenänderung) der Probe bei kontinuierlicher Belastungsänderung in vorgegebenen Grenzen zu erfassen. Um den hohen Automatisierungsgrad bei der Probenvorlage voll wirksam werden zu lassen, ist auch bei der Meßwerterfassung eine weitgehende Automatisierung anzustreben, die sich möglichst bis in die Meßwertauswertung fortsetzt. Beim Aufbau des meßtechnischen Teiles des Versuchsstandes sind damit die zwei schon genannten entscheidenden Bedingungen:

1. Automatische Meßwerterfassung und
2. Abspeicherung der Meßwerte auf einem maschinenlesbaren Datenträger

neben den allgemein bekannten und hier nicht weiter erwähnten Forderungen hinsichtlich statischer und dynamischer Randbedingungen zu beachten. Auf die Auswirkungen durch diese beiden bei der Automatisierung von Prüfverfahren immer wieder anstehenden Forderungen soll hier am Beispiel der Axialdruck-Prüfung besonders eingegangen werden.

Da das Prüfverfahren, das aus technologischen Gesichtspunkten gewählt wurde, nicht unmittelbar den von der Automatisierung gestellten Forderungen nach kontinuierlicher und digitaler Messung gerecht wird, erhöht sich der geräte-

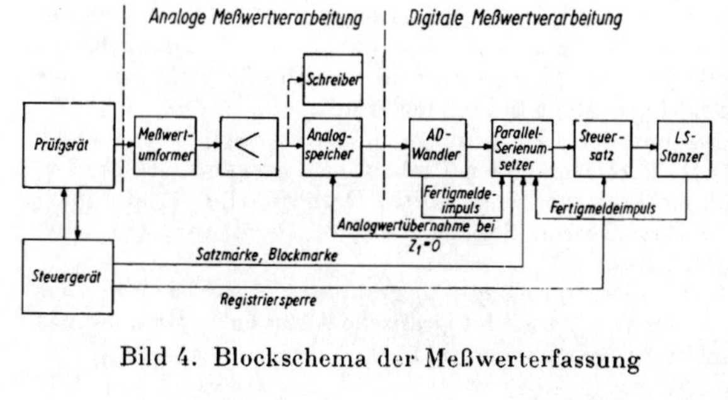

Bild 4. Blockschema der Meßwerterfassung

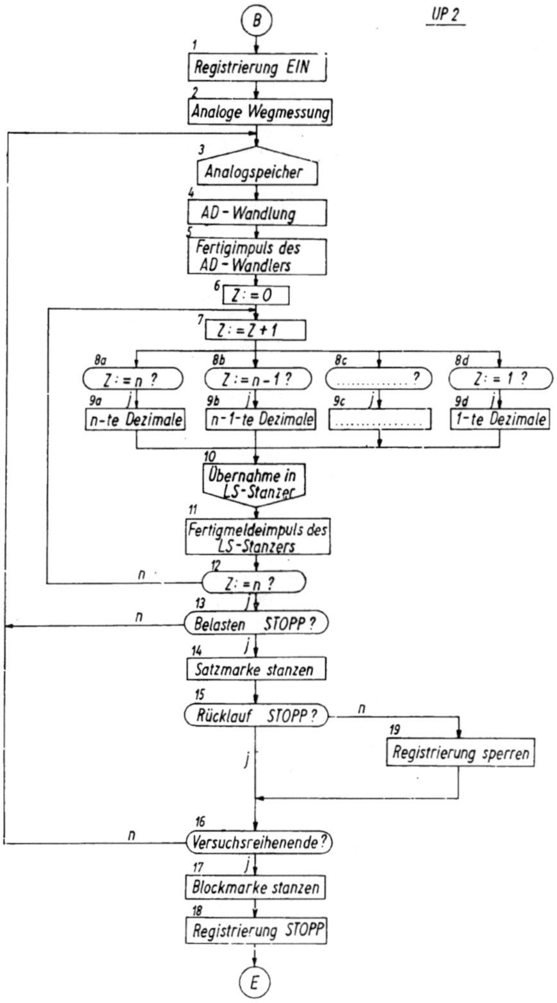

Bild 5. Programmablauf zur Meßwerterfassung

technische Aufwand des Versuchsstandes beträchtlich. Zur Erläuterung wird das Blockschaltbild (Bild 4) bzw. der Programmablaufplan (Bild 5) benutzt.

Die Auslenkung des Belastungshebels (2) (Bild 2), die absolut in der Größenordnung von 10 bis 1000 μm liegt, wird durch den induktiven Wegaufnehmer IWB 102 in eine proportionale Spannungsänderung umgeformt und anschließend verstärkt. Als Verstärker wurde der Typ UM 111 verwendet. Das Ausgangssignal des Verstärkers liegt dabei noch als analoge Größe vor. Bis zum Ausgang des Verstärkers sind gegenüber der bisher üblichen Analogtechnik zur Messung kleiner Wege keine Abweichungen vorhanden. Diese treten erst bei der Realisierung der Forderung nach Abspeicherung auf einem maschinenlesbaren Informationsträger auf, die eine Digitalisierung des Analogsignals erforderlich macht. Diese Digitalisierung wird durch den im Blockschaltbild eingezeichneten Analog-Digitalumsetzer (Digitalvoltmeter 4015) erreicht. Durch einen Startimpuls erfolgt die Übernahme des Meßwertes in den AD-Wandler. Zwischen Verstärker und AD-Wandler ist im Blockschaltbild noch ein eigens entwickelter Analogspeicher eingetragen. Dieser Analogspeicher wird durch die endliche Einschwingzeit des AD-Wandlers erforderlich. Der Meßfehler bei der AD-Umsetzung wird wesentlich von der Zeit Δt, die nach dem Anlegen einer Spannung an die Meßbuchsen vergeht, beeinflußt, wenn diese Zeit kleiner als die Einschwingzeit wird. Für das vorhandene Gerät ist die Einschwingzeit $t_{E_{min}} = 300$ ms. In dieser Zeit kann je nach Anstieg des Meßwertes eine erhebliche Meßgrößenänderung eintreten. Um reproduzierbare Meßergebnisse zu erhalten, wird zum Zeitpunkt des Startimpulses der analoge Meßwert in den Analogspeicher übernommen und mindestens für die Dauer der Einschwingzeit hinreichend genau konstant gehalten. Dieser abgespeicherte Wert wird dann vom AD-Wandler digital gewandelt und steht an dessen Ausgang im BCD-Code bis zum nächsten Taktimpuls zur Verfügung. Im Gegenatz zum Analogspeicher bleibt der im Digitalspeicher des AD-Wandlers abgespeicherte Meßwert konstant.

Beim BCD-Code wird jede Stelle einer Dezimalzahl binärtetradisch verschlüsselt. Diese parallel am Ausgang des AD-Wandlers vorliegenden einzelnen Dezimalstellen mit zusätzlichen Informationen über Komma, Meßbereich und Meßbereichsüberschreitung sind auf einem 5- bzw. 8-Kanallochstreifen abzustanzen. Da die gesamte Information eines Meßwertes nicht in einem Wort auf dem Lochstreifen unterzubringen ist, wird eine Parallel-Serienumsetzung notwendig, wozu das erforderliche Gerät erstellt wurde. Durch diese Parallel-Serienumsetzung werden jeweils eine binär-tetradisch verschlüsselte Dezimalstelle des Meßwertes und die erwähnten Zusatzinformationen nacheinander auf dem Lochstreifen abgelocht. Im Programmablaufplan bedeutet die Parallel-Serienumsetzung, daß der jeweils durch die Anzahl der Schleifendurchläufe z_1 festgelegte Weg freigegeben wird. Durch den Fertigmeldeimpuls des Lochstreifenstanzers wird z_1 um eine Einheit erhöht und für den Fall $z_1 < n$ der Weg $z_1 + 1$ freigegeben. Unmittelbar mit der Parallel-Serienumsetzung wird eine Umwandlung des Meßwertes in eine für Elektronenrechner geeignete Form vorgenommen. Als zweckmäßig erscheint für die vorliegende Aufgabe die Gleitkommadarstellung, bei der sich eine Zahl aus der Kombination von Mantisse und Exponent ergibt. Damit können vorhandene Eingabeprogramme für Rechner verwendet werden. Allerdings müssen noch zur Trennung der einzelnen Meßwerte, die durch die Serienumsetzung auf dem Lochstreifen mehrere Zeichen umfassen, Wortmarken gestanzt werden. Nach Übernahme des letzten Meßwertes einer Probe ist statt der Wortmarke eine Satzmarke und zum Abschluß der Meßreihe eine Blockmarke zu stanzen. Alle im letzten Abschnitt aufgezählten Forderungen werden durch den im Blockschaltbild eingezeichneten Parallel-Serienumsetzer realisiert.

Der automatische Ablauf wird dabei durch entsprechende Rückmeldeimpulse, die zusätzlich zur abzuspeichernden Information in den Parallel-Serienumsetzer eingespeichert werden, gesteuert. Die Auslösung der Meßwertabspeicherung erfolgt durch den Fertigmeldeimpuls des AD-Wandlers, der den Zählerstand z_1 im Umsetzer von $z_1 = 0$ um eine Einheit erhöht. Dadurch wird das erste Zeichen im LS-Stanzer abgestanzt, und der Fertigmeldeimpuls des LS-Stanzers erhöht den Zählerstand z_1 zyklisch um eine Einheit. Für $z_1 = n + 1 = 0$ wird der Vorgang unterbrochen. Für den Fall, daß der Meßvorgang fortgesetzt wird (Test Belasten STOPP? : $= \overline{P}$), wird dadurch der neue Meßwert in den Analogspeicher und damit in den AD-Wandler übernommen. Der Fertigmeldeimpuls des AD-Wandlers startet erneut die Abspeicherung des nächsten Meßwertes. Beim Durchlauf der Schleife im Programmablaufplan wird dabei automatisch die Wortmarke zur Trennung der einzelnen Meßwerte gestanzt. Bei erfüllter Testbedingung „Belasten STOPP?" wird eine Satzmarke gestanzt. Der Befehl dazu wird vom Steuerteil des Prüfgerätes gegeben. Da gleichzeitig mit diesem Befehl der Rücklauf der Belastungswalze einsetzt, wird die Meßwerterfassung für diese Zeit durch eine elektrische Verriegelung unterbrochen. Diese Verriegelung wird wieder freigegeben, wenn die nächste Probe zur Prüfung bereitgestellt ist. Ist diese Versuchsreihe abgeschlossen, wird — wie bereits angegeben — durch einen weiteren Rückmeldeimpuls vom Steuerteil zum Parallel-Serienumsetzer eine Blockmarke gestanzt und anschließend die gesamte Registriereinrichtung gesperrt. Diese elektrische Sperre kann nur manuell gelöst werden, wenn neue Proben auf dem Probenmagazin aufgelegt werden.

Die beiden eingangs gestellten Forderungen zur automatischen Meßwerterfassung bei gleichzeitiger digitaler Abspeicherung sind damit vollständig erfüllt.

5. *Elektronische Auswertung der digitalen Meßwerte*

Grundlage für die Auswertung der auf dem Lochstreifen digital vorliegenden Meßwerte sind zunächst die Resultate, die das vorliegende Prüfverfahren liefern soll, und die für dieses Verfahren spezifische Methodik zum Gewinnen der Resultate.

Das Axialdruck-Prüfgerät arbeitet nach dem Prinzip der pro Zeiteinheit konstanten Kraftzunahme. Der mit der Vorspann-Axialdruckkraft F_{V_D} beaufschlagte Prüfling (Bild 1) besitzt die Anfangsprobenhöhe h_0. Die Längenänderung x_h ist zu diesem Zeitpunkt Null. Mit steigender Axialdruckkraft F_{D_k} $(k = 0\ (1)\ m)$ nimmt auch x_{h_k}, die Änderung der Probenhöhe zu. Diese beiden Größen liefern die Axialdruckkraft-Längenänderungs-Kurve (Bild 6).

Von dem geprüften Faserstoff interessieren die Axialdruckfestigkeit, die diesem Wert zugeordnete Stauchung und der Elastizitätsmodul für Axialdruck. Die Axialdruckfestigkeit wird durch Anlegen je einer Tangente an den ersten und den zweiten linearen Bereich der Axialdruckspannungs-Stauchungs-Kurve als deren Schnittpunkt ermittelt [7]. Dieses Verfahren liefert eine „Fließ"-Festigkeit, hier kurz als Axialdruckfestigkeit σ_{F_D} bezeichnet; die entsprechende Stauchung ist folglich die Fließstauchung ε_{F_D}. Der Anstieg der Tangente an den ersten linearen Bereich stellt nach [8] den Anfangs-Elastizitätsmodul für Axialdruck E_D dar. Aus einer Reihe von n $(i = 1\ (1)\ n)$ Versuchen ergeben sich die entsprechenden Mittelwerte. Für sie interessieren ferner die statistischen Angaben s^2, s, V, p, $q_{0,u}$. Durch Mittelwertbildung der m Axialdruckspannungs-Stufen sowie der dazugehörigen m Stauchungsstufen aller n Einzelversuche ergibt sich die mittlere Axialdruckspannungs-Stauchungs-Kurve einer Versuchsreihe. Die Ermittlung dieser Angaben erfolgt im vorliegenden Beispiel mit der elektronischen Datenverarbeitungs-Anlage C 8205.

In den Speicher des Rechners müssen zunächst eingelesen werden der vorher ermittelte mittlere Anfangsquerschnitt der Proben $\bar{A}_0$ oder deren Nennquerschnitt A_0 (zur Berechnung der Spannung aus der Kraft), die gewünschte statistische Sicherheit (wahlweise $S = 95\%$, $S = 99\%$, $S = 99{,}9\%$) in Form einer Wertetabelle mit der Versuchsanzahl n und den zugeordneten statistischen Werten t sowie die Werte r, $\varepsilon_{F_D,G}$ und i_G.

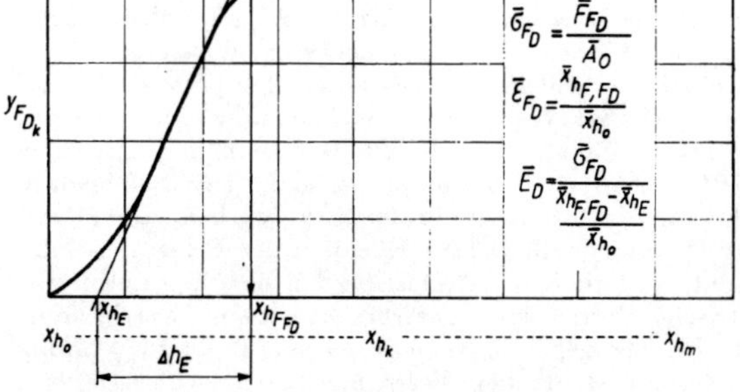

Bild 6. Axialdruckkraft-Längenänderungs-Kurve

Der unter Punkt 4 genannte Lochstreifenstanzer stanzt maximal 50 Zeichen/s. Der AD-Wandler hat eine Folge von zwei Meßwerten/s. Bei vorgegebener Fließdauer (Dauer bis zum Erreichen der Axialdruckspannung σ_{F_D}) von 20 s können somit bereits bis zum Erreichen der Axialdruckspannung 40 Meßwerte, d. h. 40 Spannungsstufen zugeordnete Stauchungsstufen aufgezeichnet werden. Diese Werte müssen im Rechner zunächst eingelesen und abgespeichert werden. Die Speicherkapazität des Rechners sowie die abgespeicherten Werte begrenzen somit die in einem Rechengang auswertbare Versuchsanzahl. Diese kann erhöht werden, wenn von den maximal möglichen 40 Meßwerten/20 s nur jeder zweite oder dritte Meßwert gespeichert wird. Der Wert r $(r = 1\ (1)\ q)$ gibt an, der wievielte Meßwert jeweils für die spätere statistische Auswertung zu speichern ist.

Ferner wurde eingelesen die Grenzfließstauchung $\varepsilon_{F_D,G}$. Entspricht eine vorgegebene Probe nicht der geforderten Qualität der Schnittfläche, so daß sie sich z. B. beim Prüfvorgang umlegt, liefert die entsprechende Axialdruckspannungs-Stauchungs-Kurve eine stark abweichende Fließstauchung. Mittels des im Programm vorgesehenen Tests wird festgestellt, ob die ermittelte Fließstauchung den eingelesenen Grenzwert $\varepsilon_{F_D,G}$ übersteigt. Dann wird dieser Einzelversuch nicht zur Auswertung herangezogen.

Die wichtigste Stelle des Auswerteprogrammes ist das Anlegen der Tangenten an die Axialdruckspannungs-Stauchungs-Kurve. Hierbei wird folgendermaßen verfahren. Von der ersten und vierten jeweils vier Kraftstufen zugeordneten Stauchungsstufe (von der Stufe 0 bis zur Stufe m) wird jeweils die Differenz gebildet und durch Test zunächst die kleinste dieser Differenzen ermittelt. Jene vier Werte, deren erster und letzter die kleinste Differenz ergab, schließen drei Spannungs- bzw. Stauchungsintervalle ein, in deren Bereich der steilste Kurvenanstieg liegt. Zwischen diesen vier Werten wird nach dem kleinsten Fehlerquadrat eine Tangente angelegt. Es ist angenähert die Tangente an den ersten linearen Bereich. In gleicher Weise werden durch Test die größten Differenzen ermittelt und so schließlich die Tangente an den zweiten angenähert linearen Kurvenbereich angelegt. Die Koordinaten des Schnittpunktes der Tangenten sind σ_{F_D} und ε_{F_D}. Damit wird weiter E_D errechnet.

Bei der Berechnung der statistischen Angaben nach den bekannten Beziehungen ergeben sich keine Besonderheiten. Es wird deshalb nicht darauf eingegangen. Alle Rechnungen und das Einlesen der Werte t sind in den Programmablauf in Form von Unterprogrammen eingefügt. Damit ergibt sich eine hohe Variabilität des Rechenprogrammes.

Das Auswerteprogramm weist noch einige Tests auf. Dazu gehören außer den schon erwähnten „Speicher voll?", „Versuchsreihenende?", „Kurve sinnvoll?", „$i \geqq 4$?" und „$i = i_G$?". Ist der Speicher vor der Auswertung aller Versuche voll, wird das Zeichen „!" ausgedruckt, was anzeigt, daß wegen mangelnder Speicherkapazität nicht alle Versuche der Reihe ausgewertet werden konnten. Darauf wurde bereits eingegangen. Der Test „Versuchsreihenende?" wird beantwortet durch eine Blockmarke, wie bereits in Punkt 4 erläutert. Die Abfrage „$i \geqq 4$?" dient zur Entscheidung, ob mindestens vier Meßwerte für die statistische Auswertung vorhanden sind und die Unterprogramme der statistischen Rechnung durchlaufen werden sollen. Der Test „Kurve sinnvoll?" hat zu beantworten, ob der vorliegende Kurvenverlauf von dem geprüften plastischen Faserstoff stammt oder etwa ein Fremdkörper die Prüfung beeinflußte und so zu einem anderen Kurventyp führte. Der Test „$i = i_G$?" gibt schließlich die Möglichkeit, die statistische Auswertung mit nur einer beschränkten Versuchszahl vorzunehmen. Diese Versuchsanzahl muß dann eingangs in Form des Grenzwertes i_G eingelesen worden sein. Durch eine Eins-Addition wird die Anzahl der in die statistische Auswertung eingehenden Einzelversuche ermittelt.

6. *Kritische Betrachtung zur automatischen Textilprüfung mit elektronischer Meßwerterfassung und -verarbeitung*

Zwei Fragen stellen sich bei der Anwendung einer Textilprüfanlage, wie sie hier beschrieben wurde. Dies ist die Frage nach der Zuverlässigkeit der Prüfergebnisse und die Frage nach den Kosten und damit der Rentabilität der Anlage.

Der Sinn der elektronischen Werteerfassung und -auswertung besteht ja in der Umgehung der Diagrammstreifen, deren Auswertung bekanntlich sehr aufwendig ist. Andererseits besitzen Diagrammstreifen den Vorzug der Anschaulichkeit. Sie lassen sofort erkennen, wenn ein Kurvenzug Unregelmäßigkeiten aufweist, was einer Säule Zahlen oder einem Lochstreifen nicht anzusehen ist. Allerdings spiegeln sich Unregelmäßigkeiten der Kurvenzüge von Einzelversuchen im Vertrauensbereich der Koordinaten des mittleren Kurvenzuges elektronisch ausgewerteter Versuchsreihen auch wider. Trotzdem wurde bei der beschriebenen Anlage nicht darauf verzichtet, Einzelversuche parallel zur elektronischen Datenerfassung auch auf Diagrammstreifen durch einen Schreiber (Bild 4) generell oder stichprobenartig aufzuzeichnen. Ferner sind die schon angeführten Tests vorgesehen, um die Richtigkeit der Meßreihen zu prüfen. Der Verlust an Anschaulichkeit stellt daher keinen Mangel an Zuverlässigkeit der Meßreihen dar.

Den höheren Kosten eines automatischen Prüfgerätes gegenüber eines von Hand zu steuernden stehen zwei Vorteile gegenüber. Erstens wird Arbeitszeit gespart, und zweitens werden subjektive Einflüsse, die bei manueller Bedienung möglich sind, zunehmend ausgeschaltet. Die Kosten für die elektronische Meßwerterfassung sind auf Grund des hohen gerätetechnischen Aufwandes erheblich. Sie lassen sich deshalb nur dann rechtfertigen, wenn viele Einzelversuche durchzuführen sind, also viele Meßwerte anfallen. Die beschriebene Anlage wurde deshalb so ausgeführt, daß sie für andere Prüfgeräte, z. B. ein Zugprüfgerät, ebenfalls zur Meßwerterfassung dienen kann. Das gleiche gilt für das Rechenprogramm zur Meßwertauswertung, dessen Kosten allerdings gering sind. Die zur Auswertung erforderliche Rechenzeit steigt nicht wesentlich an; es wird dabei davon ausgegangen, daß die statistische Auswertung der Versuchsreihen ohnehin heute meistens mit Hilfe elektronischer Rechner erfolgt. Diese Kosten werden außerdem ausgewogen durch die sonst sehr aufwendige und subjektiv beeinflußte Auswertung der Diagrammstreifen.

Weiter ist generell zu bedenken, daß die Frage der Kosten nicht die primäre sein muß. Vielmehr steht häufig die Frage im Vordergrund, ob bzw. innerhalb welcher Frist Versuche überhaupt durchgeführt und ausgewertet werden können, wenn nicht genügend Arbeitskräfte zur Verfügung stehen. Es ist dann die Arbeitszeiteinsparung das primäre Argument solcher Anlagen. Und es besteht kein Zweifel, daß sie sich aus diesem Grunde auch einführen werden.

7. *Zusammenfassung*

Das Gegenstück zum Zugversuch ist der Druckversuch in axialer Richtung. Er wirft prüftechnisch mehr Probleme auf als der Zugversuch, liefert aber interessante Ergebnisse über Faserstoffeigenschaften und Faserstoffstruktur, die sich allein mit der Zugprüfung nicht gewinnen lassen.

Abgesehen von wenigen in- und ausländischen Arbeiten stellt die Axialdruck-Prüfung ein neues Verfahren dar. Daher erfolgte gleichzeitig mit der Entwicklung des Prüfverfahrens auch die Entwicklung eines geeigneten Prüfgerätes.

Dieses Gerät arbeitet nach dem Prinzip der pro Zeiteinheit konstanten Kraftzunahme. Die dabei eintretende Längenänderung wird berührungslos mit einem induktiven Wegaufnehmer gemessen. Die Vorgabe der Proben zum Prüf- und Meßwert sowie ihre Abnahme von dort erfolgen automatisch.

Um den hohen Automatisierungsgrad des Gerätes, das kontinuierlich die Prüfung von maximal 60 Proben ohne manuelle Operationen ermöglicht, voll wirksam werden zu lassen, werden auch die Meßwerterfassung und deren Auswertung weitgehend automatisiert. Die analogen verstärkten Meßwerte werden durch einen AD-Wandler in digitale Werte umgesetzt. Diese werden von einem Lochstreifenstanzer auf einem Achtkanallochstreifen ausgestanzt.

Die Auswertung der so abgespeicherten Werte erfolgt mit Hilfe eines elektronischen Rechners. Dazu wurde ein umfangreiches Rechenprogramm erstellt, womit u. a. zunächst die Richtigkeit der erhaltenen Meßreihen geprüft wird. Von den in die Auswertung einbezogenen Meßreihen werden die Koordinaten ihres mittleren Kurvenzuges ermittelt und für die bei jeder Spannungsstufe eingetretene Stauchung bei vorgewählter statistischer Sicherheit (95%; 99%; 99,9%) Streuungsquadrat, Standardabweichung, Variationskoeffizient und Vertrauensgrenzen angegeben. Außerdem werden die interessierenden Prüfergebnisse Axialdruckfestigkeit, Fließstauchung und Anfangs-Elastizitätsmodul für Axialdruck ebenfalls mit statistischen Angaben ausgedruckt.

Da der gerätetechnische Aufwand der Anlage hoch ist, werden die Einrichtungen zur Meßwerterfassung sowie das Rechenprogramm zur Meßwertauswertung so gestaltet, daß sie ebenfalls für andere Prüfungen, z. B. für die Zugprüfung, anwendbar sind.

Literatur

[1] *Baker, S.:* Compressional behavior of textile fibres. Textile Res. J. **30** (1960) 5, S. 405–407.

[2] *Miles J. B.:* Compressional behavior of textile fibres. Textile Res. J. **30** (1960) 5, S. 408–409.

[3] *Denbye, E. F.:* Young's modulus of keratin in compression. Textile Res. J. **31** (1961) 1, S. 69–70.

[4] *Peschel, P.:* Zur Frage der Zug- und Biegeelastizität von synthetischen Fäden hinsichtlich des Knitterverhaltens von Geweben. Dissertation TH München, Fakultät für Maschinenwesen und Elektrotechnik, 1968.

[5] *Faulstich, H.*, und *Tausch-Marton, H.:* Die Axialdruckprüfung und ihre Anwendung als textilphysikalische Prüfmethode sowie für Strukturuntersuchungen an Chemiefaserstoffen. Kollektiv-Dissertation (in Arbeit), TU Dresden, Sektion Verarbeitungs- und Verfahrenstechnik, Bereich Textiltechnik.

[6] *Bobeth, W.*, und *Schubert, B.:* Axialdruckprüfung an synthetischen und tierischen Borsten verschiedener Vorbehandlungen. Faserforsch. und Textiltechnik **21** (1970) 1, S. 1–7.

[7] *Bobeth, W.*, *Luczak, H.*, *Päßler, H.*, und *Tausch-Marton, H.:* Untersuchung des axialen Druckverhaltens von Faserstoffen. Faserforsch. und Textiltechnik **18** (1967) 12, S. 547–553.

[8] *Bauer, A.*, und *Winkler, F.:* Dynamische Zugprüfung von Fäden. II. Eine Systematik des Elastizitätsmoduls. Faserforsch. und Textiltechnik **15** (1964) 9, S. 433–441.

Eingegangen am 7. Juli 1970

Modell zur Demonstration von Zahlenmittel, Massemittel usw. an Systemen mit stetigen Kettenlängenverteilungen

Gottfried Glöckner
Technische Universität Dresden, Sektion Chemie

DK 519.25:541.24:[681.26:531.232]

Die Mittelwerte von Verteilungsfunktionen werden mit Hilfe einer Drehmomentwaage und Modellkörpern mit Profilen nach Verteilungsfunktionen bestimmt. Als Beispiel wird die Demonstration von Zahlenmittel und Massemittel beschrieben. Im Gegensatz zu Modellrechnungen lassen sich auch höhere Mitlelwerte veranschaulichen.

Модель для демонстрации среднечислового, средневесового и т. д. молекулярных весов на системах с постоянным распределением цепей по длине

Средние значения функции распределения определяются при помощи крутильных весов и профилированных модельных тел. В качестве примера описывается демонстрация среднечислового и средневесового молекулярных весов. В отличие от модельных расчетов можно демонстрировать и более высокие средние значения.

A Model demonstrating the Number, Weight and other Averages of the Molecular Weight of Systems having continual Chain Length Distribution

The mean values of distribution functions have been determined by means of a torque balance and model bodies having the profiles of the distributions investigated, For example, the demonstration of number and weight averages are described. Otherwise than by model calculations, the method presented allows to demonstrate higher mean values.

1. Einleitung

Die dritte Hochschulreform verlangt u. a. die Rationalisierung und Intensivierung der Lehre und neuartige Hilfsmittel für die Ausbildung.

Der nachstehende Beitrag zeigt, wie die Mittelwertbildung bei polydispersen Systemen durch ein mechanisches Analogon anschaulich dargeboten werden kann.

Bis auf wenige Ausnahmen bestehen makromolekulare Stoffe aus einer Vielzahl von Komponenten verschiedener Molekülgröße, die bei Homopolymeren durch den Polymerisationsgrad P ausgedrückt werden kann. Die einzelnen Anteile mit den individuellen Polymerisationsgraden P_i ergeben insgesamt, ein Produkt mit einem mittleren Polymerisationsgrad $\overline{P}$, der sich nach der allgemeinen Formel

$$\overline{P} = \frac{\Sigma n_i \cdot P_i^{\beta+1}}{\Sigma n_i \cdot P_i^{\beta}} \tag{1}$$

berechnen läßt. Dabei gibt n_i die Molzahl der Komponente mit dem Polymerisationsgrad P_i an.

Der Wert des mittleren Polymerisationsgrades hängt von der gegebenen Verteilung und vom Exponenten β ab.

Wenn P als stetige Veränderliche betrachtet werden kann, tritt anstelle von Gleichung (1) die Beziehung:

$$\overline{P} = \frac{\int\limits_0^\infty P^{\beta+1} \cdot h(P) \cdot dP}{\int\limits_0^\infty P^{\beta} \cdot h(P) \cdot dP}. \tag{1'}$$

Hier entspricht $h(P)$ dem Symbol n_i von Gleichung (1). Für $\beta = 0$ ergibt sich das Zahlenmittel $\overline{P}_n$, für $\beta = 1$ das Massemittel $\overline{P}_w$ und für $\beta = 2$ das z-Mittel $\overline{P}_z$. Für alle nichtmonodispersen Systeme gilt unabhängig von der Form der Verteilung

$$\overline{P}_n < \overline{P}_w < \overline{P}_z. \tag{2}$$

Diese Zusammenhänge haben praktische Bedeutung. Beispielsweise ergeben alle experimentellen Methoden zur Ermittlung des Polymerisationsgrades, bei denen die Meßgröße nur von der *Zahl* der vorhandenen Moleküle abhängt (und zwar proportional mit dieser Zahl zunimmt), den *Zahlenmittelwert.* Das trifft z. B. für die Osmometrie, die Kryoskopie und die Ebullioskopie zu. Hängt die Meßgröße hingegen von der *Zahl* und der *Masse* der Einzelteile ab, wie es z. B. bei Streulichtmessungen oder Untersuchungen mit der Ultrazentrifuge der Fall ist, so werden *Masse-* oder *z-Mittel* erhalten. Untersuchungen mit verschiedenen Methoden an ein und derselben (polydispersen) Substanz ergeben also verschiedene Resultate, die alle richtig sein können, auch wenn sie gemäß Ungleichung (2) um mehrere Hundert Prozent voneinander abweichen.

Bei Viskositätsmessungen wächst nach der Beziehung

$$[\eta] = K \cdot \overline{P}^{\alpha}, \tag{3}$$

die auf unendliche Verdünnung (und das Schergefälle Null) extrapolierte Meßgröße $[\eta]$ mit einer Potenz des Polymerisationsgrades, deren Exponent α 0,5 bis 1 beträgt und meist bei 0,8 liegt. Viskositätsmessungen ergeben das Viskositätsmittel oder Potenzmittel $\overline{P}_\eta$, das durch die Gleichungen

$$\overline{P}_\eta = \left(\frac{\Sigma n_i \cdot P_i^{\alpha+1}}{\Sigma n_i \cdot P_i}\right)^{1/\alpha} \tag{4}$$

bzw.

$$\overline{P}_\eta = \left(\frac{\int\limits_0^\infty P^{\alpha+1} \cdot h(P) \cdot dP}{\int\limits_0^\infty P \cdot h(P) \cdot dP}\right)^{1/\alpha} \tag{4'}$$

definiert ist.

Für $\alpha = 1$ werden Massemittel und Viskositätsmittel identisch. Im allgemeinen liegt $\overline{P}_\eta$ zwischen $\overline{P}_n$ und $\overline{P}_w$ nahe bei $\overline{P}_w$.

2. Darstellung dieser Zusammenhänge in der Lehre

Aus der Lehrerfahrung wissen wir, daß das Verständnis für das Zustandekommen und die Notwendigkeit der verschiedenen Mittelwerte schwer zu vermitteln ist. Meist werden von den Studierenden nur die Definitionsgleichungen gelernt.

Die Autoren, die in Lehrbüchern und Aufsätzen die Fragen der Mittelwertbildung berühren, begnügen sich deshalb selten mit der mathematischen Definition dieser Mittel als Momente der Verteilung. Meist wird versucht, den Lernenden Verständnishilfen durch Vergleiche zu bieten, bei denen Mittelwertbildungen im täglichen Leben unter verschiedenen Aspekten vorgenommen werden. Es ist aber sehr schwierig, durch derartige Analogiebetrachtungen dem Problem wirklich gerecht zu werden.

In der Regel wird die Mittelwertbildung an Modellsystemen (Steinhaufen, Kugelgemischen o. dgl.) durchgeführt. Wenn man sich dabei auf wenige Größenklassen beschränkt, lassen sich in überschaubaren Rechnungen die Werte für $\bar{P}_n$, $\bar{P}_w$ usw. ermitteln.und die Reihenfolge

$$\bar{P}_n < \bar{P}_\eta \leqq \bar{P}_w < \bar{P}_z \quad (5)$$

demonstrieren.

Doch diesem Vorgehen haften leider zwei Nachteile an: Damit der Rechenaufwand niedrig bleibt, werden die Modellsysteme möglichst einfach gewählt und enthalten nur wenige Teilchenklassen. Diese sprunghaften Verteilungen sind aber keine adäquaten Abbildungen der stetigen Verteilungen, mit denen bei makromolekularen Stoffen gerechnet wird.

Zweitens ergibt die Rechnung an Modellsystemen nur für den Zahlenmittelwert, der dem gewöhnlichen „Durchschnitt" entspricht, eine faßbare Anschauung. Die höheren Mittel belegt die Modellrechnung zwar ebenfalls mit Zahlenwerten, aber sie vermag diese Mittel nicht anschaulich zu machen.

3. *Der Zahlenmittelwert als Charakteristikum eines idealisierten Ersatzsystems*

Das Problem der Mittelwertbildung besteht darin, den Polymerisationsgrad aufzufinden, der bei einer bestimmten Fragestellung die in Wirklichkeit vorhandene Polymerisationsgradverteilung repräsentieren kann. Das soll im folgenden für eine konkrete Verteilung als Beispiel erläutert werden. Wir wählen als Ausgang die *Schulz*-Verteilung

$$h(P) = \frac{1}{c^2 \Gamma(k+1)} \cdot \left(\frac{\bar{P}}{c}\right)^{k-1} \cdot e^{-P/c}. \quad (6)$$

Für den Koppelungsgrad $k = 1$ (d. h. Abbruch durch Disproportionierung) entartet die Gleichung zur Normalverteilung

$$h(P) = c^{-2} \cdot e^{-P/c}. \quad (7)$$

Da c konstant ist, sagt die Beziehung aus, daß der Anteil $h(P)$ der Moleküle vom Polymerisationsgrad P exponentiell mit P abnimmt. Der Zahlenmittelwert ist der Wert $\bar{P}_n$ innerhalb des Variationsbereiches von P, auf den die Gesamtzahl aller vorhandenen Moleküle vereinigt werden könnte, ohne daß sich die Eigenschaften des Systems z. B. hinsichtlich des osmotischen Druckes dadurch ändern. Mit anderen Worten: bei osmotischen Messungen (und allen anderen Eigenschaften, in die das Zahlenmittel eingeht) läßt sich das polydisperse *Realsystem* durch ein *Idealsystem* substituieren, in dem alle Moleküle gleich groß sind. (Die Anzahl der Moleküle ist in beiden Systemen gleich. Nach der Definition von $h(P)$ sind insgesamt 1 mol Grundbausteine vorhanden.)

Die Frage ist, wo der Ersatzwert $\bar{P}_n$ innerhalb der Verteilung liegt und wie man ihn anschaulich darstellen kann. Über welchem Wert $\bar{P}_n$ müssen alle Anteile $h(P)$ zusammengezogen werden, damit das Idealsystem die gleichen Eigenschaften hat wie das polydisperse Realsystem?

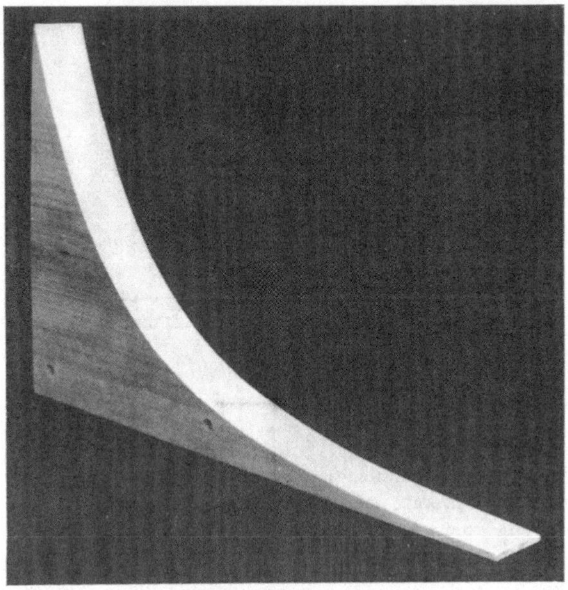

Bild 1. Modellkörper 1 mit dem Profil der Normalverteilung nach Gleichung (7)

4. *Demonstration von $\bar{P}_n$ mit einer Drehmomentwaage*

Wir haben zur anschaulichen Beantwortung dieser Frage Körper aus Holz (s. Bild 1) mit dem Profil der Verteilungsfunktion nach Gleichung (7) und eine Drehmomentwaage verwendet.

Für das Drehmoment D eines festen Körpers gilt (s. Bild 2)

$$D = \int_0^\infty r \cdot dm, \quad (8)$$

wobei r den Abstand der differentiellen Massenelemente dm von der Drehachse angibt, auf die sich das Drehmoment bezieht. Das gleiche Drehmoment ergibt sich, wenn die Gesamtmasse m des Körpers im entsprechend zu wählenden Abstand $\bar{r}$ vereinigt wird:

$$D = \int_0^\infty r \cdot dm = \bar{r} \cdot \int_0^\infty dm = \bar{r} \cdot m. \quad (8')$$

Der in Bild 1 gezeigte Körper läßt sich durch die im Bild sichtbaren Durchbohrungen so an der erwähnten Drehmomentwaage befestigen, daß die Drehachse genau beim Abszissenwert Null der Verteilungsfunktion liegt, nach der das Profil des Körpers gearbeitet wurde. Wenn

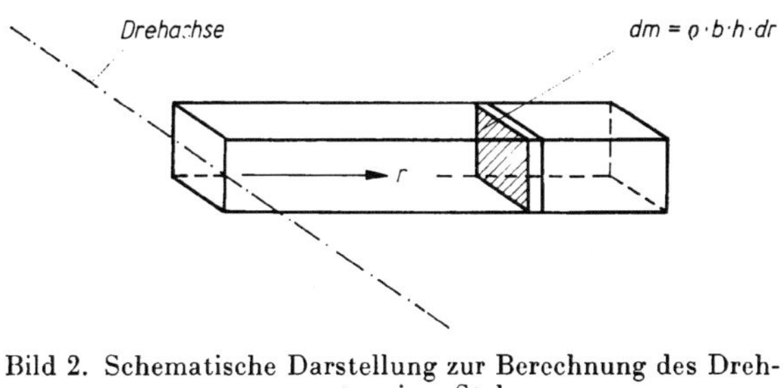

Bild 2. Schematische Darstellung zur Berechnung des Drehmomentes eines Stabes

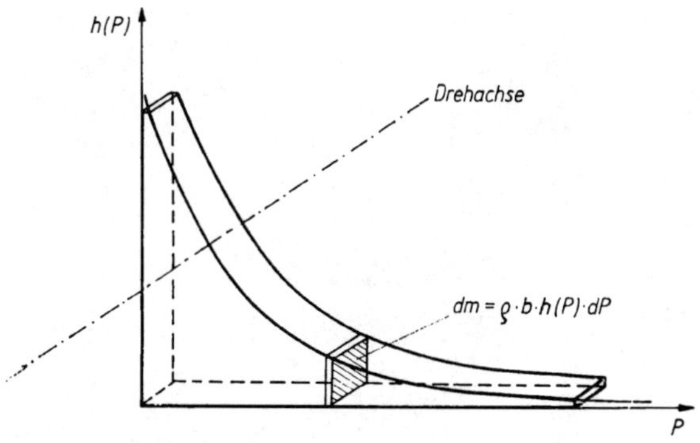

Bild 3. Berechnung des Drehmomentes für Körper 1

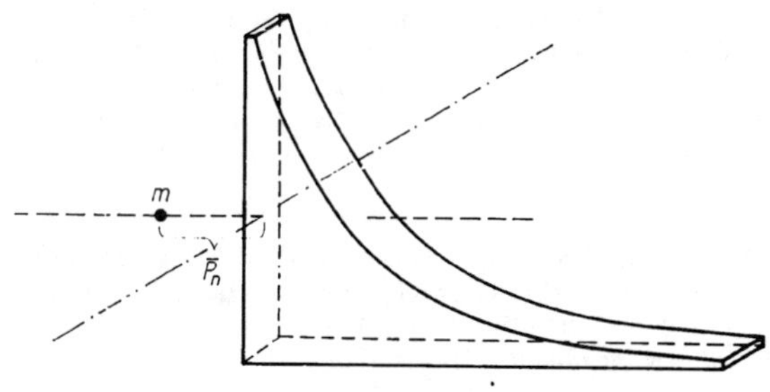

Bild 4. Demonstration des Zahlenmittels als Entfernung der Punktmasse m von der Drehachse bei Drehmomentgleichgewicht mit Modellkörper 1

die Waage ausbalanciert ist, liegt die Abszisse horizontal, die Ordinate vertikal, d. h. die Unterkante des Modellkörpers ist genau waagerecht, seine linke Begrenzung senkrecht. Bei ausbalancierter Waage entspricht die Entfernung r eines Massenelements von der Drehachse dem Abszissenwert P der Verteilungsfunktion. Die Massenelemente ergeben sich aus der Breite b, der Dichte ϱ des verwendeten Materials, der Dicke dP und der jeweiligen Höhe $h(P)$ der infinitesimal dünnen Abschnitte des Modells (Bild 3). Mit der Gesamtmasse $m = \int_0^\infty \varrho \cdot b \cdot h(P) \cdot dP$ des Körpers kann so für Gleichung (8′) geschrieben werden

$$D = \int_0^\infty P \cdot \varrho \cdot b \cdot h(P) \cdot dP = \overline{P} \int_0^\infty \varrho \cdot b \cdot h(P) \cdot dP. \quad (9)$$

Der Ausdruck $\int_0^\infty P \cdot \varrho \cdot b \cdot h(P) \cdot dP$ stellt mit der oben erläuterten Bedeutung der Größen bei waagerechter Stellung der P-Koordinate das Drehmoment des realen Modells bezüglich einer ebenfalls waagerechten Achse dar, die im rechten Winkel zur Abszisse durch die Ordinate verläuft. Das gleiche Drehmoment ergibt sich, wenn man die Gesamtmasse des Körpers in einer entsprechend zu wählenden, mittleren Entfernung $\overline{P}$ angreifen läßt. Diese Aussage steht im rechten Teil der Gleichung (9).

Wenn der Körper aus einer homogenen, ebenen Platte herausgearbeitet worden ist, sind b und ϱ konstant und können vor die Integrale in Gleichung (9) gesetzt werden. Dann ergibt die Auflösung nach $\overline{P}$:

$$\overline{P} = \frac{\int_0^\infty P \cdot h(P) \cdot dP}{\int_0^\infty h(P) \cdot dP}. \quad (10)$$

Der gleiche Ausdruck folgt aus Gleichung (1′) für $\beta = 0$. Der durch Gleichung (10) definierte Wert $\overline{P}$ ist also das *Zahlenmittel* $\overline{P}_n$. Für den erwähnten Modellkörper stellt dieses $\overline{P}_n$ den Abstand von der Drehachse dar, an dem die Gesamtmasse konzentriert werden muß, damit dem Drehmoment des realen Körpers die Waage gehalten wird (s. Bild 4). Das läßt sich mit einem zweiseitigen Hebel demonstrieren, an dem auf der einen Seite der Realkörper angebracht wird. Bei unserer Drehmomentwaage trägt der rechte Hebelarm zwei waagerechte, parallele Zapfen, auf die das Holzmodell mit seinen entsprechenden Bohrungen aufgesteckt werden kann.

Auf dem linken Hebelarm ist eine Metallscheibe verschiebbar angeordnet. Sie hat genau die Masse des Modellkörpers und stellt dank ihrer geringen Stärke (8 mm) näherungsweise die Zusammenziehung des Körpers zur „Punktmasse" dar.

Ohne die Metallscheibe und den Modellkörper ist die Waage im Gleichgewicht. Mit Scheibe und Körper herrscht nur dann Gleichgewicht, wenn sich die Scheibe im Abstand $\overline{P}_n$ befindet. Unser Modell ist aus Lindenholz von $b = 43{,}4$ mm Stärke gefertigt. Die horizontale Ausdehnung (in Richtung der P-Achse) beträgt 400 mm, die Länge der vertikalen $h(P)$-Achse 260 mm. Das ergibt eine Masse von 427,4 g. Die Begrenzungen in horizontaler und vertikaler Richtung sind aus praktischen Gesichtspunkten gewählt worden. Die Kurve wurde nach Gleichung (7) berechnet und läuft natürlich über die genannten Werte hinaus weiter. Sie muß abgebrochen werden, damit nicht zu schmale Stege entstehen, die bei der Fertigung des Modells wie beim Demonstrationsversuch Schwierigkeiten bereiten würden. Durch diesen Abbruch werden natürlich, ebenso wie durch die endliche Stärke der Metallscheibe, Ungenauigkeiten in den Versuch gebracht. Diese schmälern jedoch den angestrebten Bildungswert der Demonstration nur unwesentlich.

Der Versuch verläuft so, daß das Modell auf den rechten und die Gegenmasse auf den linken Hebelarm der Waage gesteckt werden. Durch Verschieben der Metallscheibe wird die Stellung gesucht, bei der Gleichgewicht herrscht. An einer im linken Hebelarm eingravierten Skala kann die Stellung der „Punktmasse" abgelesen werden. Für den o. g. Körper befindet sich die Innenkante der Scheibe in 78 mm Entfernung von der Drehachse, wenn die Waage im Gleichgewicht ist. Die Gleichgewichtsstellung wird durch einen nach oben weisenden Zeiger indiziert, der mit der Drehachse fest verbunden ist und mit den Hebelarmen Winkel von 90° bildet.

Um die Kopflastigkeit des Systems zu kompensieren, ist der Zeiger nach unten über die Drehachse hinaus verlängert und mit einer Stabilisierungsmasse versehen. Dadurch kann das Hebelsystem auch dann nicht kippen, wenn die Metallscheibe auf dem linken Hebelarm noch weit vom Gleichgewichtsabstand entfernt ist.

5. *Demonstration höherer Mittelwerte*

Massemittelwerte fallen bei Messungen an polydispersen Systemen dann an, wenn der von jedem Element der Verteilung zur Meßgröße gelieferte Beitrag der *Anzahl* und der *Größe* der Teilchen dieses Elements proportional ist.

Wie muß ein Modell beschaffen sein, das diesen Zusammenhang in einem entsprechenden Beitrag der Massenelemente zum Drehmoment des Gesamtkörpers ausdrückt?

Dazu ist ein Körper mit dem Grundriß eines Prismas geeignet (Bilder 5 und 6). Die beim ersten Modell *konstante* Breite b wächst bei diesem Körper proportional mit P an. (Den Proportionalitätsfaktor wählen wir der Einfachheit halber gleich 1.) Ein solcher prismatischer Körper besitzt dann das Drehmoment

$$D_2 = \int_0^\infty r\,dm = \int_0^\infty P \cdot \varrho \cdot P \cdot h(P) \cdot dP = \varrho \int_0^\infty P^2 \cdot h(P) \cdot dP. \quad (11)$$

Die Gesamtmasse des Modells 2 berechnet sich aus den Elementen mit der Breite P, der Dichte ϱ, der Höhe

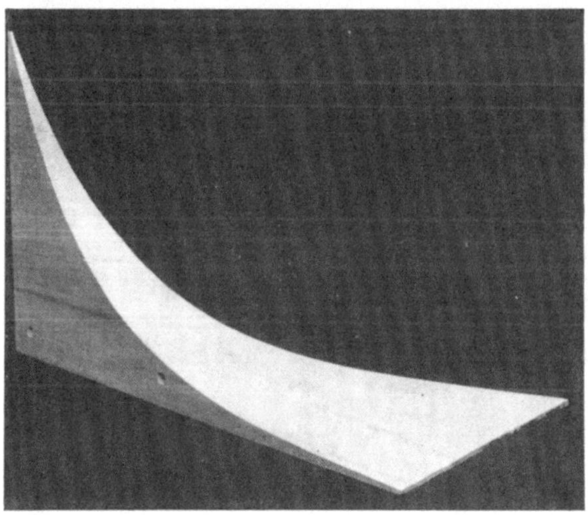

Bild 5. Modellkörper 2 mit dem Profil der Normalverteilung und prismatischer Grundfläche

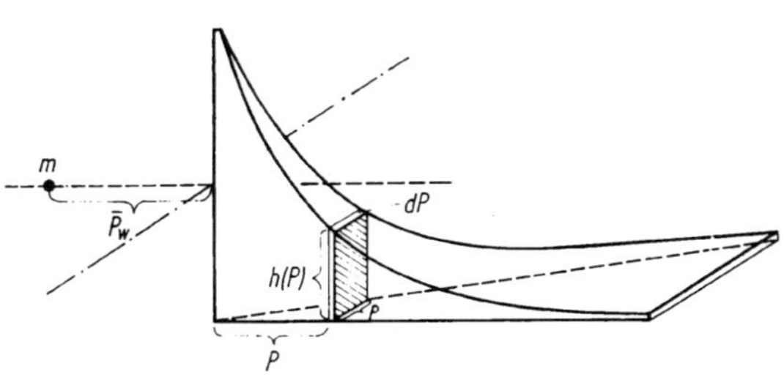

Bild 6. Demonstration des Massemittels als Entfernung der Punktmasse m von der Drehachse bei Drehmomentgleichgewicht mit Körper 2

$h(P)$ und der Breite dP zu

$$m_2 = \int_0^\infty dm = \int_0^\infty P \cdot \varrho \cdot h(P) \cdot dP = \varrho \int_0^\infty P \cdot h(P) \cdot dP. \quad (12)$$

Diese Masse ergibt, im Ersatzabstand $\bar{P}$ konzentriert, das gleiche Drehmoment D_2 wie das nach (11) berechnete. Wir erhalten folglich

$$\bar{P} = \frac{\int_0^\infty P^2 \cdot h(P) \cdot dP}{\int_0^\infty P \cdot h(P) \cdot dP}. \quad (13)$$

(Dasselbe Resultat ergibt sich natürlich auch mit Proportionalitätsfaktoren, die verschieden von 1 sind.)

Gleichung (13) stellt zugleich die aus Gleichung (1′) mit $\beta = 1$ ablesbare Definitionsgleichung für das Massemittel $\bar{P}_w$ dar.

Das Modell für die Demonstration von $\bar{P}_w$ (Bild 5) besteht ebenfalls aus Lindenholz. Das Profil des Modellkörpers ist wie beim Körper 1 (Bild 1) durch die exponentiell abfallende Kurve der Häufigkeitsverteilung nach Gleichung (7) bestimmt. Wie beim ersten Modell wird bei 400 mm Abszissenlänge und 260 mm Ordinatenhöhe abgebrochen. Der Grundriß des Modells ist ein rechtwinkliges Dreieck mit Katheten von 400 mm (Abszisse der Kurve) und 200 mm. Gemäß der o. g. Bedingung wächst die Breite des Körpers proportional zum Abszissenwert.

An der Abbruchstelle beim Abszissenwert 400 mm hat das Modell 2 die gleiche Höhe wie das Modell 1, aber fast die fünffache Breite. Das Stück, das aus Stabilitätsgründen weggelassen werden muß, fällt daher stärker ins Gewicht als das entsprechende Stück vom Körper 1. Unser Modell 2 wiegt 433,1 g. Es kann wie das Modell 1 so auf die Drehmomentwaage gesteckt werden, daß die Verlängerung der Drehachse genau auf die Ordinate trifft. Gleichgewicht wird erreicht, wenn sich die Gegenmasse auf dem linken Hebelarm 151 mm von der Drehachse entfernt befindet.

Bei einer Normalverteilung ist $\bar{P}_w = 2\,\bar{P}_n$. Diese Relation wird durch die genannten Abstände der Gegenmassen tatsächlich wiedergegeben. Die geringfügige Abweichung des abgelesenen Wertes von dem, der sich als Verdoppelung ergibt, hat mehrere Ursachen. In erster Linie ist die unterschiedliche Masse der jenseits der Abbruchstelle liegenden Modellteile zu berücksichtigen.

Dieser „Abbrucheffekt" ist bei einem dritten Modell (Bild 7) besonders sinnfällig, das ebenfalls zur Demonstration von $\bar{P}_w$ geeignet ist. Beim Modell 2 wird das in den Gleichungen (11) und (12) auftretende Produkt $P \cdot h(P)$ geometrisch gebildet, da die Grundfläche des Profils $h(P)$ proportional mit P zunimmt. Der gleiche Zusammenhang läßt sich erreichen, wenn über einer Grundfläche *konstanter* Breite ein Profil nach der Funktion $P \cdot h(P)$ ausgebildet wird. Durch Multiplikation jedes Punktes der Häufigkeitsverteilungsfunktion mit dem zugehörenden Argument P ergibt sich bekanntlich die Massenverteilungsfunktion $H(P) = P \cdot h(P)$. Diese Kurve weist bei der Normalverteilung ein Maximum mit dem Abszissenwert $\bar{P}_n$ auf.

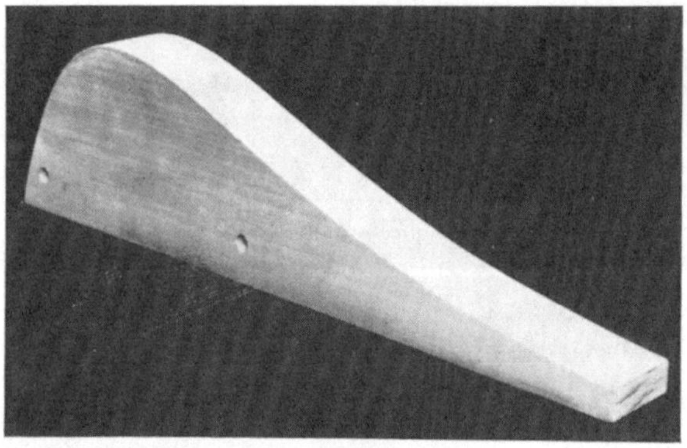

Bild 7. Modellkörper 3 mit dem Profil der Massenverteilungskurve

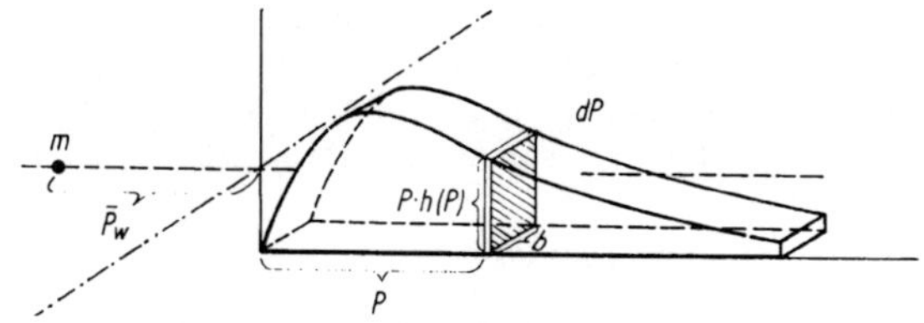

Bild 8. Demonstration des Massemittels als Entfernung der Punktmasse *m* von der Drehachse bei Drehmomentgleichgewicht mit Körper 3

Bei unserem Modell 3 (Bilder 7 und 8), das wiederum 400 mm lang ist und wie der Körper 1 eine Grundfläche von 43,4 mm Breite besitzt, liegt das Maximum bei 84 mm. An der Abbruchstelle beim Abszissenwert 400 mm weist dieser Körper eine Höhe von 13 mm auf (im Gegensatz von nur 3 mm beim Modell 1). Die Masse des Modells 3 beträgt 441,8 g. Die Gegenmasse muß sich bei 150 mm befinden, damit das Hebelsystem im Gleichgewicht ist. Das ist in recht guter Übereinstimmung zu den 151 mm mit Modell 2.

Durch entsprechend gestaltete Modelle können weitere Mittelwerte anschaulich gemacht werden. So demonstrieren wir auch das *z*-Mittel mit einem Körper mit dem Profil der Massenverteilungskurve und einem rechtwinkligen Dreieck (wie Körper 2) als Grundfläche. Der Abbruch erfolgt in diesem Fall bei 400 mm Abszissenlänge mit einer Bruchfläche von 200 mm Breite und 13 mm Höhe.

6. *Schlußbemerkungen*

Das geschilderte Prinzip verknüpft die fundamentalen Eigenschaften polydisperser Proben mit elementaren Kenntnissen der Mechanik. Der bei den Modellen erwähnte Abbrucheffekt, d. h. die Vernachlässigung eines zahlenmäßig geringen Anteils von Molekülen mit sehr hohem Polymerisationsgrad, beeinflußt zwar die Genauigkeit, mit der das Verhältnis $\bar{P}_n : \bar{P}_w : \bar{P}_z$ zu erhalten ist, aber er ist kein genereller Nachteil. Dieser Abbrucheffekt läßt vielmehr erkennen, in wieviel stärkerem Maße die höheren Mittelwerte durch geringe Anteile mit sehr hohem Polymerisationsgrad beeinflußt werden als beispielsweise das Zahlenmittel.

Die beschriebenen Körper wurden in der Modelltischlerei der Hauptwerkstatt der TU, die Drehmomentwaage in der feinmechanischen Werkstatt der Sektion Chemie hergestellt. Für die dabei aufgewandte Mühe und Sorgfalt sei auch an dieser Stelle bestens gedankt.

Eingegangen am 15. Juli 1970

Philipp, van Nghi und *Baudisch:* Untersuchungen zum Einfluß von Carboxyl- und Carbonylgruppen auf den Verlauf des Abbaus der Cellulose. 2. Mitt.

Untersuchungen zum Einfluß von Carboxyl- und Carbonylgruppen auf den Verlauf des thermischen und äthanolytischen Abbaus der Cellulose

2. Mitt.: Thermischer Abbau verschiedenartig hergestellter Oxycellulosen[1])

Burkart Philipp, Dinh van Nghi und Josef Baudisch

Deutsche Akademie der Wissenschaften zu Berlin, Institut für Faserstoff-Forschung in Teltow-Seehof

DK 547.458.81:633.511:677.463:546.157'33:546.133.3'33
[536.495:542.92]:542.943:541.24:547.28/.29-02

Es wurde der Einfluß von Carboxylgruppen auf den thermischen Abbau von nativen Baumwoll-Linters und Normalviskoseseide untersucht, die mit Natriumperjodat, Kaliumbichromat und Distickstofftetroxid sowie anschließend mit Natriumchlorit oxydiert worden waren. Die Erhöhung des Gehaltes an Carboxylgruppen führt zu einem rascheren DP-Abfall bei thermischer Behandlung. Dies gilt sowohl für verschiedene Abbautemperaturen als auch für verschiedene Oxydationsmethoden. Während des thermischen Abbaus erfolgt in allen Fällen eine erhebliche Abnahme des Carboxylgruppengehaltes, die sowohl gleichermaßen vom übermolekularen Bau der Ausgangsprobe als auch vom Oxydationsverfahren abhängig ist. Eine Differenzierung der Carboxylgruppen in den Oxycellulosen vor und nach thermischem Abbau war nicht möglich, da sowohl Accessibilitäts- als auch Aciditätsunterschiede die Meßwerte beeinflussen.

Изучение влияния карбоксильных и карбонильных групп на термическую деструкцию и этанолиз целлюлозы Сообщ. 2-е: Термическая деструкция оксицеллюлоз, полученных различным способом

Изучено влияние карбоксильных групп на термическую деструкцию хлопкового делинта и обычного вискозного филаментного волокна после окисления их периодатом натрия, бихроматом калия, двуокисью азота, а также дополнительного окисления хлоритом натрия. С увеличением содержания карбоксильных групп скорость термической деструкции при всех исследованных температурах повышается независимо от метода окисления. В процессе термической деструкции во всех случаях наблюдается значительное снижение содержания карбоксильных групп, которое зависит как от надмолекулярной структуры исходной целлюлозы, так и от метода окисления. Вследствие влияния различий в доступности и кислотности на экспериментальные данные дифференцирование карбоксильных групп до и после термической деструкции оксицеллюлоз провести не удалось.

Investigations on the Effect of Carboxyl and Carbonyl Groups on the Thermal and Ethanolytic Degradation of Cellulose. 2nd. Comm.: Thermal Degradation of Oxycellulose Prepared by Different Methods

The effect of carboxyl groups on the thermal degradation has been investigated with native cotton linters and conventional rayon oxydized by sodium periodate, potassium bichromate, dinitrogen tetroxide and consecutively by sodium chlorite. On thermal treatment at different temperatures the DP was found to decrease rapidly with increasing carboxyl content, irrespective of the oxydation procedure used. With all samples investigated the thermal degradation was accompagnied by an essential reduction in carboxyl content, depending on the supramolecular structure as well as on the oxydation procedure. Attempts to establish the site of the carboxyl groups involved failed as the results were affected by differences in accessibility and acidity.

1. Einleitung

In unserer vorangehenden Mitteilung [1] zum thermischen Abbau von Perjodat-Chlorit-Oxycellulose wurde bereits darauf hingewiesen, daß offensichtlich nicht allein die Zahl der Carboxylgruppen, sondern auch ihre Verteilung den Abbauverlauf beeinflussen. Für die weiteren Untersuchungen lag es daher nahe, neben Perjodat auch andere Oxydationsmittel heranzuziehen und so die Verteilung der Carboxylgruppen sowohl im einzelnen Glucosering wie auch entlang der Einzelkette und zwischen den Ketten in gewissen Grenzen zu beeinflussen. Im folgenden soll der thermische Abbau für eine Reihe von N_2O_4- und Bichromat-Oxycellulosen sowie einer H_2O_2-Oxycellulose mit dem von Perjodat-Oxycellulosen verglichen werden, wobei stets in zweiter Stufe noch mit Chlorit nachoxydiert wurde, um zumindest bei niedrigeren Oxydationsgraden den Carbonylgruppengehalt möglichst gering zu halten. Während die Behandlung mit Perjodat unter diesen Bedingungen bevorzugt zu Dicarboxylgruppierungen in C_2-C_3-Stellung führt, wird mit N_2O_4 eine bevorzugte Oxydation am C_6 erreicht, allerdings bei weitem nicht so spezifisch wie mit Perjodat an den sekundären OH-Gruppen (vgl. [2]). Bichromat in saurer Lösung soll hinsichtlich des Angriffs im Glucosering weitgehend unspezifisch wirken, hingegen besonders stark die amorphen Faserbereiche erfassen, so daß eine recht heterogene Verteilung längs der Einzelkette und zwischen den Celluloseketten erwartet werden kann.

Durch Anwendung der von *Slávik* u. Mitarb. [3] veröffentlichten Jodid-Jodat-Methode sollte gleichzeitig geprüft werden, inwieweit eine Differenzierung zwischen verschiedenen Arten von Carboxylgruppen vor und nach einem thermischen Abbau von Oxycellulosen möglich ist.

2. Bemerkungen zur Versuchsmethodik

Als *Ausgangsmaterial* dienten wieder gebleichte und gebeuchte Baumwoll-Linters („BwL") und eine normale Viskoseseide („NVS"). Beide Proben wurden bereits in unserer ersten Mitteilung charakterisiert [1].

Die *Oxydation* erfolgte

mit *Perjodat* wie bereits beschrieben (vgl. [1]);

mit *Distickstofftetroxid* in einem Gemisch aus gleichen Volumina N_2O_4 und CCl_4 bei Raumtemperatur (vgl. [2, 4]) und einem Flottenverhältnis von 10 g Cellulose auf 1000 ml Oxydationslösung während unterschiedlicher Zeiten (0,5 bis 16 h);

mit *Bichromat* mit einem Gemisch von 400 ml 0,1 n $K_2Cr_2O_7$ und 3000 ml 0,2n Oxalsäure bei jeweils 10 g Celluloseeinsatz bei Raumtemperatur (vgl. [2]) während unterschiedlicher Zeiten zwischen 1 und 7 h.

1) 1. Mitt. s. [1].

mit *Wasserstoffperoxid* nach [5] durch Behandeln der entsprechenden Cellulosemenge mit einer alkalischen Lösung von H_2O_2, die $Na_4P_2O_7$ als Stabilisator enthielt.

In *zweiter Stufe* wurde stets mit 1000 ml $HClO_2$-Lösung (40 g $NaClO_2$ + 120 g Eisessig auf 1 l mit H_2O dest. gelöst) je 10 g Cellulose bei Raumtemperatur während 6 bzw. 16 h oxydiert, um vorhandene Aldehydgruppen ebenfalls in Carboxylgruppen umzuwandeln, während im Molekül vorhandene Ketogruppen unter diesen Umständen weitgehend erhalten blieben. Bei Stickstoffdioxid-Oxycellulosen stieg durch diese Behandlung der Carboxylgruppengehalt auf etwa das Doppelte an; ein merklicher Carbonylgruppengehalt (10 bis 20 mol% des Carboxylgruppengehaltes bei hoch oxydierten Proben) und ein Reststickstoffgehalt von 0,1 bis 0,2% waren auch nach der zweiten Oxydationsstufe noch im Präparat vorhanden. Im Einklang mit verschiedenen neueren Arbeiten (z. B. [6]) erfolgte also mit N_2O_4 keinesfalls eine spezifische Oxydation zu Carboxylgruppen in C_6-Stellung. Bei unseren Bichromat-Oxycellulosen nahm durch die Chloritbehandlung der Carboxylgruppengehalt ebenfalls auf das Doppelte bis Dreifache zu, der Restcarbonylgehalt lag auch bei hoch oxydierten Proben unter 10 mol% des Carboxylgehaltes.

Hinsichtlich der *Durchführung des thermischen Abbaus* und der *Charakterisierung* der Präparate vor und nach dem Abbau sei auf unsere vorangehende Mitteilung verwiesen. Zur Carboxylgruppendifferenzierung nach der von *Slávik* [3] beschriebenen Methode wurde jeweils 1 g des Präparats mit 100 ml 0,1 n HCl während 2 h dekationisiert und mit H_2O dest. (frei von NH_3 und CO_2!) säurefrei gewaschen.

Die abgepreßten, feuchten Proben wurden in 50 ml einer Lösung aufgeschlagen, die je 0,1 n an KJ und KJO_3 war, und das unter Mitwirkung der H^+-Ionen der Carboxylgruppen freigesetzte Jod in geeigneten Zeitabständen mit Thiosulfat titriert.

3. *Versuchsergebnisse und ihre Auswertung*

3.1. *Charakterisierung der Oxycellulose-Präparate*

Einen Überblick über die zum thermischen Abbau eingesetzten, zweistufig oxydierten Proben gibt Tabelle 1.

Eine Differenzierung zwischen Carboxylgruppen ist mit der Methode von *Slávik* zweifellos möglich, wobei nach unseren Erfahrungen kurze Reaktionszeiten bis zu 1 h zur Erkennung der Unterschiede ausreichen. Allerdings erfolgt diese Differenzierung in erster Linie

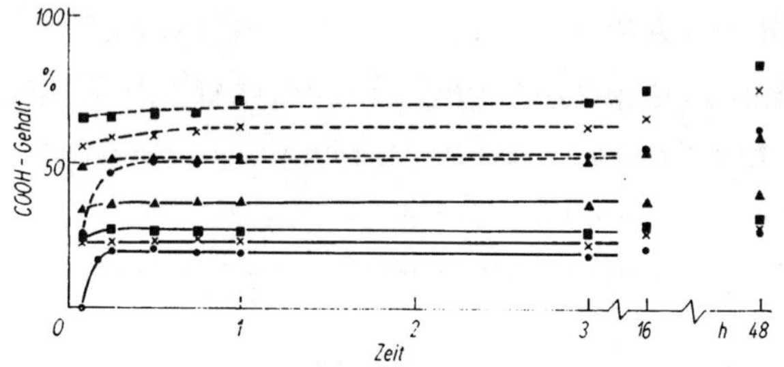

Bild 1. Carboxylgruppengehalt in nativen Baumwoll-Linters und Normalviskoseseide vor und nach Oxydation mit verschiedenen Oxydationsmitteln (die Carboxylgruppengehalte wurden mit 0,1 n KJ-KJO_3-Lösung in Abhängigkeit von zunehmender Einwirkungsdauer bestimmt)

• - - - • NVS, nicht oxydiert (COOH = 39 mmol/kg, DP = 288)
■ - - - ■ NVS, oxydiert mit JO_4'-ClO_2' (COOH = 240 mmol/kg, DP = 168)
× - - - × NVS, oxydiert mit N_2O_4-ClO_2' (COOH = 253 mmol/kg, DP = 146)
▲ - - - ▲ NVS, oxydiert mit Cr_2O_7''-ClO_2' (COOH = 310 mmol/kg, DP = 106)
• —— • BwL, nicht oxydiert (COOH = 11,5 mmol/kg, DP = 1850)
▲ —— ▲ BwL, oxydiert mit Cr_2O_7''-ClO_2' (COOH = 215,0 mmol/kg, DP = 604)
■ —— ■ BwL, oxydiert mit JO_4-ClO_2' (COOH = 259,3 mmol/kg, DP = 396)
× —— × BwL, oxydiert mit N_2O_4-ClO_2' (COOH = 258,7 mmol/kg, DP = 330)

nach der Accessibilität der Gruppen, wie die Gegenüberstellung von Linters- und Viskoseseide-Präparaten im Bild 1 recht klar erkennen läßt. Eine Oxydation der Cellulose führt in jedem Falle zu einer rascheren Jodausscheidung im Anfangsstadium der Umsetzung ohne merkliche Änderung im späteren, langsamen Reaktionsstadium; d. h. die durch Oxydationsprozesse neugebildeten COOH-Gruppen sind bevorzugt in leicht zugänglichen Bereichen der Faserstruktur lokalisiert, und zwar verständlicherweise bei Baumwolle in stärkerem Maße als bei Viskoseseide. Setzt man voraus, daß die JO_4'/ClO_2'-Oxycellulosen Carboxylgruppen fast ausschließlich in C_2—C_3-Stellung, die N_2O_4/ClO_2'-Oxycellulosen

Tabelle 1. Übersicht über die verwendeten Oxycellulosen

Ausgangsmaterial	oxydiert mit	mmol COOH/kg Cellulose	mmol CO/kg Cellulose	Cuoxam-DP
Linters	nicht oxydiert	11	1	1810
	JO_4'/ClO_2'	169	6	896
	JO_4'/ClO_2'	353	—	484
	N_2O_4/ClO_2'	56	1	881
	N_2O_4/ClO_2'	383	—	159
	Cr_2O_7''/ClO_2'	380	—	478
	H_2O_2/ClO_2'	63	1	405
Viskoseseide	nicht oxydiert	39	2	288
	JO_4'/ClO_2'	319	10	149
	N_2O_4/ClO_2'	54	1	218
	N_2O_4/ClO_2'	127	—	146
	N_2O_4/ClO_2'	327	67	138
	N_2O_4/ClO_2'	750	105	110
	Cr_2O_7''/ClO_2'	326	24	121
	Cr_2O_7''/ClO_2'	913	51	98

dagegen bevorzugt in C_6-Stellung aufweisen, so läßt sich zwar aus unseren Umsatzkurven im Bild 1 vermuten, daß die Carboxylgruppen in C_2—C_3-Dicarboxylcellulosen etwas acider sind als solche in C_6-Stellung, und zwar sowohl bei den Linters wie auch bei den Viskoseseidepräparaten, jedoch tritt dieser Einfluß der Stellung der Carboxylgruppe im Glucosering gegenüber dem Accessibilitätseinfluß deutlich zurück. Dies zeigt sich auch recht deutlich an unseren Bichromat-Chlorit-Oxycellulosen, wo das aus Linters hergestellte Präparat in der relativen Zugänglichkeit bei vergleichbaren Carboxylgruppengehalten über den anderen Oxycellulosen, das aus Viskoseseide hergestellte Präparat dagegen darunter liegt.

3.2. DP-Verlauf beim thermischen Abbau von Oxycellulosen

Die Vergleichbarkeit der DP-Verläufe beim thermischen Abbau ist begrenzt einmal durch einen z. T. recht unterschiedlichen Ausgangs-DP der einzelnen Oxycellulosen bei etwa gleich hohem Carboxylgruppengehalt, zum anderen durch unterschiedlich hohe Carbonylgruppengehalte auch nach der zweiten Oxydationsstufe, die zu einer zusätzlichen alkalischen Kettenspaltung bei der Messung des Cuoxam-DP führen können. Trotz dieser Einschränkungen erlauben unsere Ergebnisse folgende Schlüsse: Zumindest für Abbautemperaturen von 140 und 170 °C bestätigt sich bei Linters- wie bei Viskoseseide-Oxycellulosen unabhängig von der angewandten Oxydationsmethode der schon bei den Perjodat-Chlorit-Oxycellulosen beobachtete Verlauf des Spaltungsgrades, nämlich eine starke Zunahme innerhalb der ersten Stunde Abbauzeit mit anschließender nur mehr geringer Änderung im weiteren Verlauf des Abbauprozesses. Soweit vom Ausgangs-DP her ein Vergleich möglich ist, erweist sich bei vergleichbarem Carboxylgruppengehalt eine Bichromat-Chlorit-Oxycellulose als am meisten resistent, eine N_2O_4-Chlorit-Oxycellulose als am abbauempfindlichsten, wobei hier sicher der im Molekül vorhandene Gehalt an Nitratestergruppen (0,1 bis 0,2% N) eine Rolle spielt. Auch bei einer Abbautemperatur von 200 °C bleibt bei Viskoseseidepräparaten mit vergleichbarem Ausgangs-DP diese Abstufung erhalten. Als empirische Maßzahl für die Abbauempfindlichkeit zogen wir wieder die Spaltungsgradzunahme ΔS_1 während der ersten Stunde Abbauzeit bei 170 °C heran (Tabelle 2). Wesentlich erscheint die starke Erhöhung der Abbaugeschwindigkeit in den oxydierten Linterspräparaten, z. B. nach Behandeln mit H_2O_2/ClO_2' oder N_2O_4/ClO_2' schon bei recht geringen, noch unterhalb des Niveaus einer normalen Viskoseseide liegenden Carboxylgruppengehalten.

Tabelle 2. ΔS_1-Werte für verschiedene Oxycellulosen bei 170 °C

Präparat	Ausgangs-DP	mmol COOH/kg vor dem Abbau	$\Delta S_1 \cdot 10^3$
BwL nicht oxydiert	1810	11	0,1
BwL JO_4'/ClO_2'	1050	138	2,8
BwL N_2O_4/ClO_2'	744	35	1,0
BwL H_2O_2/ClO_2'	824	23	0,5
BwL H_2O_2/ClO_2'	405	62	0,6
NVS nicht oxydiert	288	39	0,3
NVS N_2O_4/ClO_2'	218	54	5,4
NVS N_2O_4/ClO_2'	138	327	10,6
NVS JO_4'/ClO_2'	149	319	7,3
NVS Cr_2O_7''/ClO_2'	121	326	5,5

3.3. Änderung des Carboxylgruppengehaltes beim thermischen Abbau von Oxycellulosen

Die von uns zunächst für Perjodat-Chlorit-Oxycellulosen getroffene Feststellung einer zunächst sehr raschen, dann langsameren Abnahme des Carboxylgruppengehaltes im wasserunlöslichen Rückstand des thermischen Abbaus läßt sich offensichtlich auf alle Arten von Oxycellulosen verallgemeinern, unabhängig von Ausgangsmaterial, Höhe des Carboxylgruppengehaltes und Oxydationsmethode. Unterschiede zeigen sich allerdings zwischen den einzelnen Präparaten hinsichtlich zeitlichem Verlauf und nach längerer Abbauzeit erreichtem Ausmaß dieser Abnahme des COOH-Gehaltes, indem der Restcarboxylgruppengehalt bei den von uns untersuchten Präparaten nach 1 h Abbau bei 170 °C zwischen 47 und 86% des Ausgangswertes, nach 7 h Abbau zwischen 36 und 72% lag. Wie die Bilder 2a und 2b für Proben vergleichbaren Ausgangscarboxylgruppengehaltes zeigen, ist für den Restcarboxylgruppengehalt neben Abbauzeit und -temperatur sowie der angewandten Oxydationsmethode wesentlich auch die übermolekulare Struktur der Ausgangsprobe maßgebend. So ist bei Linters-Oxycellulosen der COOH-Verlust nach thermischem Abbau bei N_2O_4-oxydierten Präparaten am größten, bei in gleicher Weise oxydierten Viskoseseideproben dagegen am geringsten. Die Ursache dieser Unterschiede sehen wir wiederum vor allem in einer verschiedenartigen Verteilung der Carboxylgruppen über die Faserstruktur. Daß eine Verringerung des Carboxylgehaltes bei thermischer Behandlung oxydativ geschädigter Proben bereits bei sehr niedrigen Oxydationsgraden einsetzt, zeigte Tabelle 3 anhand des Vergleichs

Tabelle 3. Carboxylgruppengehalt in Prozent des Ausgangswertes bei verschiedenen Cellulosepräparaten

Präparat	mmol COOH/kg in der Ausgangsprobe	Carboxylgruppengehalt in % des Ausgangswertes nach therm. Abbau bei 170 °C	
		1 h	7 h
BwL nicht oxydiert	11	101	107
BwL H_2O_2/ClO_2' ox.	23	47	47
BwL N_2O_4/ClO_2' ox.	35	86	69
BwL N_2O_4/ClO_2' ox.	56	80	72
NVS nicht oxydiert	39	150	179
NVS N_2O_4/ClO_2' ox.	54	66	58

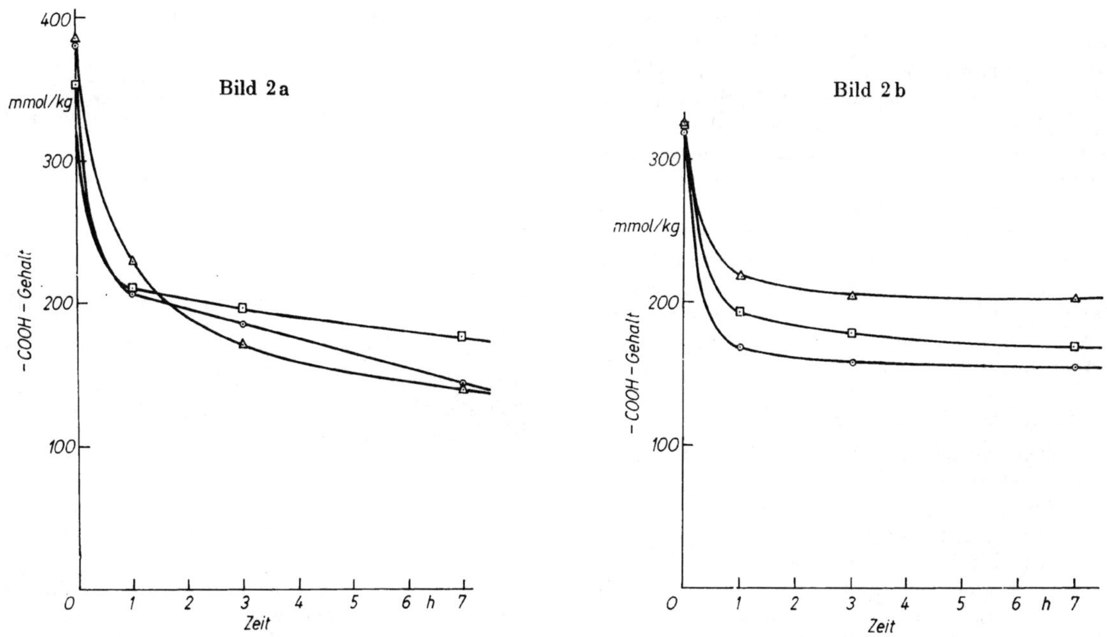

Bild 2. Zeitlicher Verlauf des Carboxylgruppengehaltes in unterschiedlich oxydierten Baumwoll-Linters (2a) und Normalviskoseseide (2b) beim thermischen Abbau bei 170 °C unter Stickstoff

• —— • 2a: BwL, oxydiert mit Cr_2O_7''-ClO_2' (COOH = 380 mmol/kg)
■ —— ■ BwL, oxydiert mit JO_4'-ClO_2' (COOH = 353 mmol/kg)
▲ —— ▲ BwL, oxydiert mit N_2O_4-ClO_2' (COOH = 383 mmol/kg)
• —— • 2b: NVS, oxydiert mit JO_4'-ClO_2' (COOH = 319,1 mmol/kg)
■ —— ■ NVS, oxydiert mit Cr_2O_7''-ClO_2' (COOH = 326,3 mmol/kg)
▲ —— ▲ NVS, oxydiert mit N_2O_4-ClO_2' (COOH = 326,6 mmol/kg)

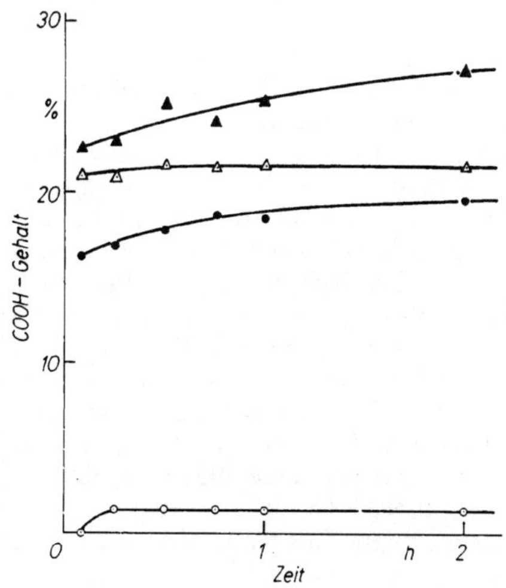

Bild 3. Restcarboxylgruppengehalt (%) in nicht oxydierter und unterschiedlich oxydierter Normalviskoseseide nach 7 h thermischem Abbau bei 170 °C unter Stickstoff (die Carboxylgruppengehalte wurden mit 0,1 n KJ/KJO_3-Lösung in Abhängigkeit von zunehmender Einwirkungsdauer bestimmt)

○ —— ○ NVS, nicht oxydiert (COOH-Gehalt der Ausgangsprobe = 67,9 mmol/kg)
▲ —— ▲ NVS, oxydiert mit JO_4-ClO_2' (COOH-Gehalt der Ausgangsprobe = 164,7 mmol/kg)
△ —— △ NVS, oxydiert mit Cr_2O_7''-ClO_2' (COOH-Gehalt der Ausgangsprobe = 201,4 mmol/kg)
• —— • NVS, oxydiert mit N_2O_4-ClO_2' (COOH-Gehalt der Ausgangsprobe = 206,7 mmol/kg)

einer nichtoxydierten Viskoseseide mit schwach oxydierten Lintersproben vergleichbaren Carboxylgruppengehaltes. Bemerkenswert erscheint das Verhalten der mit aufgeführten, schwach oxydierten Viskoseseideprobe, deren Restcarboxylgehalt nach thermischem Abbau unter dem Ausgangswert der nicht oxydierten Viskoseseideprobe liegt, die ihrerseits nach vergleichbarer thermischer Behandlung den bekannten erheblichen Anstieg des Carboxylgruppengehaltes zeigt.

Unerwartete und noch nicht völlig erklärbare Ergebnisse liefert die Anwendung der Jodid-Jodat-Methode zur Carboxylgruppendifferenzierung auf thermisch abgebaute Proben. Bemerkenswert ist zunächst der außerordentlich geringe Anteil der mit dieser Methode erfaßbaren COOH-Gruppen in thermisch abgebauten, nicht voroxydierten Proben (Bild 3), der u. E. erneut auf eine Differenzierung vorwiegend nach der Accessibilität hinweist. Eine ähnliche Abnahme des erfaßbaren Anteils an COOH-Gruppen infolge des thermischen Abbaues ist bei allen Oxycellulosen aus Viskoseseide und in geringen Maßen auch bei solchen aus Linters zu beobachten. Der Einfluß des angewandten Oxydationsmittels auf den Kurvenverlauf in Bild 3 ist vergleichsweise gering; die „Rangfolge" in den thermisch abgebauten Proben wird gegenüber den unbehandelten Oxycellulosen teilweise verändert, wobei vorerst offen bleiben muß, ob hierfür chemische Änderungen in der Struktur der Einzelkette, also Aciditätsänderungen der Carboxylgruppen oder Accessibilitätsänderungen maßgebend sind.

4. *Schlußfolgerungen*

Untersuchungen zum thermischen Abbau verschiedenartig hergestellter Oxycellulosen erlauben eine Verallgemeinerung des vorher an Perjodat-Chlorit-Oxycellulosen gefundenen Verlaufs, der gekennzeichnet ist durch ein im Vergleich zu nicht oxydierten Präparaten sehr rasches Anfangsstadium des Kettenabbaus bei gleichzeitiger starker Abnahme des Carboxylgruppengehaltes im wasserunlöslichen Abbaurückstand. Eine gewisse Beeinflussung der *DP*-Werte unserer Oxycellulosen vor und nach thermischem Abbau durch Kettenspaltung während der Messung infolge erhöhten Carbonylgruppengehaltes kann selbstverständlich nicht ausgeschlossen werden, dürfte jedoch für die hier behandelten zweistufig oxydierten Präparate vor allem bei niedrigen Oxydationsgraden nur von untergeordneter Bedeutung sein und zudem unbehandelte und thermisch abgebaute Präparate gleichermaßen betreffen, so daß die hier besprochenen Spaltungsgradänderungen auf jeden Fall als real anzusehen sind. Offensichtlich führt *jede* Carboxylgruppenbildung im Glucosering der Cellulosekette, also auch eine Oxydation am C_6, zu abbauempfindlichen Stellen, an denen eine bevorzugte Kettenspaltung unter Bildung niedermolekularer, carboxylgruppenreicher Bruchstücke stattfindet. Wie einige orientierende Versuche mit Carboxymethylcellulosen zeigten, bleiben die Abspaltung carboxylgruppenreicher Bruchstücke und die verstärkte Kettenspaltung offensichtlich aus, wenn die Carboxylgruppen nicht unmittelbar im Glucosering lokalisiert sind. Zeitlicher Verlauf der Kettenspaltung wie der Abnahme des Carboxylgruppengehaltes beim thermischen Abbau von Oxycellulosen hängen etwa gleichermaßen von der übermolekularen Struktur der Ausgangsprobe und von der Art des Oxydationsprozesses ab. Eine Differenzierung zwischen Carboxylgruppen der Cellulose mit Hilfe der von *Slávik* beschriebenen Jodid/Jodat-Methode führt bei Oxycellulosen vor und nach thermischem Abbau nach unseren Erfahrungen in erster Linie zur Erkennung von Accessibilitätsunterschieden und weniger zur Erfassung von Aciditätsunterschieden, ohne daß zwischen beiden Faktoren eine präzise Trennung möglich ist.

Literatur

[1] *Philipp, B., v. Nghi, D.*, und *Baudisch, J.:* Untersuchungen zum Einfluß von Carboxyl- und Carbonylgruppen auf den Verlauf des thermischen und äthanolytischen Abbaus der Cellulose 1. Mitt.: Thermischer Abbau von Perjodat-Chlorit-Oxycellulosen. Faserforsch. u. Textiltechnik **21** (1970) 10, S. 416—421.

[2] *Nevell, T. P.:* Oxydation. Meth. Carboh. Chem. Vol. III. New York: Acad. Press 1963, S. 164—184.

[3] *Slávik, I., Pašteka, M.*, und *Kučerova, M.:* Charakterisation of carboxyl groups of cellulose using an iodometric method. Svensk Papperstidn. **70** (1967) 7, S. 229—233.

[4] *Roseveare, W. E.*, und *Spaulding, D. W.:* Effect of swelling on supermolecular structure on reaction of cellulose with nitrogen dioxide. Ind. engng. Chem. **47** (1955) S. 2172—2175.

[5] *Lewin, M.*, und *Ettinger, A.:* Oxidation of cellulose by hydrogen peroxide. Cellulose Chem. Technology. Jassy/Rum. **3** (1969) S. 9—20.

[6] *Friedlander, B. I., Dutt, A. S.*, und *Rapson, W. H.:* The infrared spectrum of oxidized cellulose. 1. The determination of spezific oxidized groups in cellulose by combined chemical treatment and infrared spectroscopy. Pulp Paper Mag. Canad. **68** (1967) 11, S. T 587 bis T591.

Eingegangen am 13. Juli 1970

Elektronenmikroskopische Untersuchungen an Ultradünnschnitten von Celluloseregeneratfäden

Teil V. Die Struktur von Mantel/Kern-Fäden[1])

Anneliese Gröbe und Heinz Jürgen Gensrich

Deutsche Akademie der Wissenschaften zu Berlin, Institut für Faserstoff-Forschung in Teltow-Seehof

DK 677.463:677.021.125:677.021.125.3:677.463.061.3:546.226:537.533.35

Zum Studium des Einflusses von Zink und Modifikator auf die Strukturbildung wurden Celluloseregeneratfäden in einem Spinnbad von 1 n H_2SO_4 und 2 n Na_2SO_4 mit steigendem Gehalt an Zinksulfat und verschiedenen Temperaturen ohne Reckung ersponnen und im primären Gelzustand als Ultradünnschnitte elektronenmikroskopisch sowie nach der Trocknung der Fäden als Dünnschnitte lichtmikroskopisch untersucht. Die Querschnittsmorphologie dieser Fäden ist durch die Differenzierung in eine Randzone dichter Cellulosepackung und in ein lockeres dreidimensionales Cellulosenetz gekennzeichnet, die den bekannten Strukturzonen Mantel und Kern entsprechen.

Электронномикроскопические исследования ультратонких срезов гидратцеллюлозных волокон. Часть V. Структура волокон, имеющих оболочку и ядро

Для изучения влияния цинка и модификатора на образование структуры были сформованы гидратцеллюлозные волокна в осадительную ванну (1 N H_2SO_4, 2 N Na_2SO_4) с различным содержанием сульфата цинка при различных температурах и без вытяжки. Полученные волокна в состоянии первичного геля изучались методом электронной микроскопии ультратонких срезов, а после сушки под обычным микроскопом. Поперечные срезы исследованных волокон показали наличие оболочки с плотной упаковкой макромолекул целлюлозы и ядра с рыхлой трехмерной сетью целлюлозы.

Electron Microscopic Investigations on Ultrathin Sections of Rayon Fibres. Part V. The Structure of Skin-core filaments

The effect of zinc and modifiers on the structure formation in rayon fibres has been investigated with samples spun in a bath containing 1 N H_2SO_4 and 2 N Na_2SO_4 at increasing content of zinc sulfate and various temperatures without drawing. Ultrathin sections of the primary gel and sections of the dry fibres were prepared for examination under the electron and optical microscope respectively. In the cross sectional pattern an outer layer of compact cellulose material and an internal spatial cellulose network were discernible corresponding to the well known skin-core structure.

1. Einleitung

Zinksulfat ist Spinnbadbestandteil bei fast allen Technologien des Viskosespinnprozesses. Der Konzentrationsbereich umfaßt 0,1 bis ca. 80 g/l. Einige Technologien, wie z. B. das Supercord- und das HWM-Verfahren, sind außerdem durch den Zusatz von Modifikatoren zur Viskose charakterisiert. Von Fäden, die in zinkhaltigen Spinnbädern ersponnen werden, ist bekannt, daß sie zwei unterschiedlich anfärbende Zonen enthalten, von denen die äußere als Mantel und die innere als Kern bezeichnet werden. Aus der Anfärbbarkeit, aus Messungen der Dichte, der Zugänglichkeit, der Quellbarkeit sowie anderen Parametern wurde geschlossen, daß beide Zonen verschiedene Strukturen besitzen und u. a. durch Unterschiede in der Hohlraumgröße und dem Hohlraumvolumen gekennzeichnet sind ([1] bis [6]).

Der elektronenmikroskopische Beweis dieser Ergebnisse gelang bisher nicht. Zwar konnten durch chemische und mechanische Desintegrationsmethoden wie Hydrolyse und Ultraschall Fibrillen bzw. Kristallite der verschiedensten Abmessungen bis hinab zur Elementarfibrille der Cellulose gefunden werden [7], jedoch war eine Zuordnung dieser Strukturelemente in den ursprünglichen Fadenverband kaum mit ausreichender Sicherheit möglich. Ultradünnschnittsuntersuchungen, die eine solche Zuordnung erlauben würden, sind nicht sehr zahlreich. Sie beschränken sich vor allem auf Arbeiten von *Kassenbeck* [8], *Cumberbirch* u. Mitarb. [9], *Kaeppner* [10], *Spit* [11], *Niconovic* u. Mitarb. [12] sowie *Kling* u. Mitarb. [13] u. a. Diese Autoren beschäftigen sich vornehmlich mit der Untersuchung der Struktur kommerzieller, d. h. bereits getrockneter Fäden. Wie wir bewiesen, ist der Informationsgehalt solcher getrockneten Fäden in bezug auf die Feinstruktur gering [14]. Die Aussagen der zitierten Autoren beziehen sich im wesentlichen auf die Querschnittsform und den Nachweis von Hohlräumen zwischen 0,05 bis ca. 1 μm Durchmesser und ihre Verteilung in den Ultradünnschnitten. Eine eindeutige Auftrennung in zwei Strukturzonen war aber nicht möglich.

Die Ursache liegt darin, daß die Cellulosesubstanz bei der Trocknung entsprechend der Abnahme der Quellwerte eine starke Verdichtung erfährt und die Abstände zwischen den Strukturelementen klein werden, wodurch sie in Kontakt gelangen. Dadurch kommt es z. T. zu irreversiblen Verhornungen, so daß ein Wiederaufquellen den Ausgangszustand nicht mehr herstellen kann [15]. Für die Durchstrahlungselektronenmikroskopie bedeutet der sehr geringe Abstand der Strukturelemente gegenüber der relativ großen Dicke der Ultradünnshcnitte, daß Strukturunterschiede an getrockneten Fäden nicht mehr ohne weiteres erfaßt werden. Bestenfalls läßt sich an der Oberfläche solcher Ultradünnschnitte eine grießige Feinstruktur erkennen. *Hagege, Kassenbeck, Meimoun* und *Parisot* [29] wiesen aber kürzlich nach, daß es durch ein Wiederaufquellen mit Wasser möglich ist, Isopren in den Mantel von Viskoseseide einzubringen, zu polymerisieren und mit OsO_4 anzufärben. Dadurch wurde eine sehr gute Mantelfärbung und die Identifizierung von Hohlräumen, besonders im Übergangsbereich vom Mantel zum Kern, erreicht. Wegen der Gefahr irreversibler Verhornungen, die die Ursprungsstruktur verändern, halten wir zur Aufklärung von herstellungsbedingten Strukturunterschieden jedoch nur die Untersuchung der Fäden im primären Gelzustand für geeignet.

[1]) Teil IV s. [17].

So stellten wir z. B. fest, daß in Lösungen von $(NH_4)_2SO_4$ und Na_2SO_4 Fäden gebildet werden, die durch ein lockeres dreidimensionales Netz von Cellulosefibrillen ohne Fadenbegrenzung charakterisiert sind [7, 16]. Lösungen von Zinksulfat erzeugen dagegen ein sehr dichtes, im wesentlichen aus den Elementarfibrillen bestehendes Netz [16]. Lösungen von Schwefelsäure allein und in Kombination mit Natriumsulfat bauen lockere Cellulosenetze auf, die von einer Außenmembran umgeben sind [17].

Gegenstand dieser Arbeit soll es sein, zu erkunden, welche Strukturveränderungen auftreten, wenn man zu den schwefelsäure- und natriumsulfathaltigen Spinnbädern Zinksulfat hinzugibt und welche Strukturveränderungen die Anwendung von Modifikatoren bewirken.

2. Darstellung der Ergebnisse

2.1. Zinksulfatkonzentration und Spinnbadtemperatur

Die Fadenproben wurden bei Spinnbadtemperaturen von 21, 45 und 62°C hergestellt (s. Tabelle 1). In jeder Reihe erhöhten wir den Zinksulfatgehalt im Spinnbad von 0,045n auf 0,105n und 0,315n bei gleichbleibendem Gehalt an Schwefelsäure und Natriumsulfat[2]). Die Bilder 1 bis 3, 5 bis 7 und 9 bis 11 zeigen die Ultradünnschnitte dieser Fäden.

Zunächst ist festzustellen, daß die Fäden schon bei Verwendung geringer Zinkmengen eine gelappte Querschnittsform annehmen (s. z. B. Bild 1). Diese Tatsache ist bereits aus lichtmikroskopischen Dünnschnittsuntersuchungen bekannt [18].

[2]) Über das Herstellungsverfahren der Fadenproben sowie über die Präparation zur Ultramikrotomie haben wir in den Teilen I und II berichtet. Die Konzentrationen 0,045 n, 0,105 n und 0,315 n entsprechen 3,6; 9,5 und 25,4 g/l $ZnSO_4$.

Weiterhin können wir die allen Fäden eigene Differenzierung in eine dichte Randzone und in ein von den vorhergegangenen Untersuchungen bekanntes lockeres Cellulosenetzwerk erkennen.

Gegenüber dem Spinnprozeß in Abwesenheit von Zinksulfat — die Morphologie dieser Fäden wurde in Teil IV [17] besprochen — ist die Randzone kompakter. Sind dort noch strukturelle Einzelheiten in der Außenmembran festzustellen, so erscheint die Randzone hier im wesentlichen elektronenoptisch homogen. In den Bildern 3, 5, 9, 10 und 11 haben die Schnittflächen der Randzone jedoch ein grießiges Aussehen, das auf die Feinstruktur hinweist. Die Bilder 1, 3, 9 und 11 zeigen als äußere Begrenzung der Querschnitte eine dünne Schicht von 200 bis 500 Å Stärke, die sich durch ihre dunklere Färbung von der Randone abhebt und wahrscheinlich die von *Cumberbirch* definierte Kutikula darstellt [9, 19].

Mit zunehmender Zinksulfatkonzentration wird bei allen untersuchten Temperaturen die Randzone breiter. Die ausgemessenen Werte unterliegen jedoch relativ großen Schwankungen, so daß für die Randzonen-Breite nur ein Größenbereich angegeben werden kann (s. Tabelle 2 und Bild 14[3]).

Halten wir die Zinksulfatkonzentration dagegen konstant und betrachten die Veränderung der Randzonen mit der Temperatur, so können wir in dem untersuchten Konzentrationsbereich keine allgemeingültige Tendenz finden. Vielmehr müssen wir den Temperatureinfluß für jede Konzentration gesondert betrachten (s. Bild 14).

[3]) Für Tabelle 2 und Bild 14 wurden jeweils mehrere Querschnittsaufnahmen ausgewertet.

Tabelle 1. Spinnparameter, Analysenwerte, Präparationsumstände und Fadenkurzbezeichnungen

Fadenkurzbezeichnung	$ZnSO_4$-Konz. im Spinnbad 1n H_2SO_4 2n Na_2SO_4 g/l	Spinnbadtemp. in °C	Verzug	Modifikatorgehalt in der Viskose g/l	Neutralpunkte (Bromkresolpurpur) s	γ-Wert nach 500 mm	Zersetzungslösung	Nach Lösungsmittelaustausch eingebettet in	Ultradünnschnittbehandlung
M	0,045n	21	1	—	—	—	1n H_2SO_4	vorpolymerisiertes Methacrylat	Lösen d. Einbettungsmittels m. Benzoldampf, Pd-Beschattung
N	0,105n	21	1	—	—	—	,,	,,	,,
O	0,315n	21	1	—	0,70	30,1	,,	,,	,,
OM	0,315n	21	1	2,5	1,06	36,0	,,	,,	,,
P	0,045n	45	1	—	—	—	,,	,,	,,
Q	0,105n	45	1	—	—	—	,,	,,	,,
R	0,315n	45	1	—	0,46	18,7	,,	,,	,,
RM	0,315n	45	1	2,5	0,75	26,9	,,	,,	,,
S	0,045n	62	1	—	—	—	,,	,,	,,
T	0,105n	62	1	—	—	—	,,	,,	,,
U	0,315n	62	1	—	0,30	14,3	,,	,,	,,
UM	0,315n	62	1	2,5	0,52	22,8	,,	,,	,,

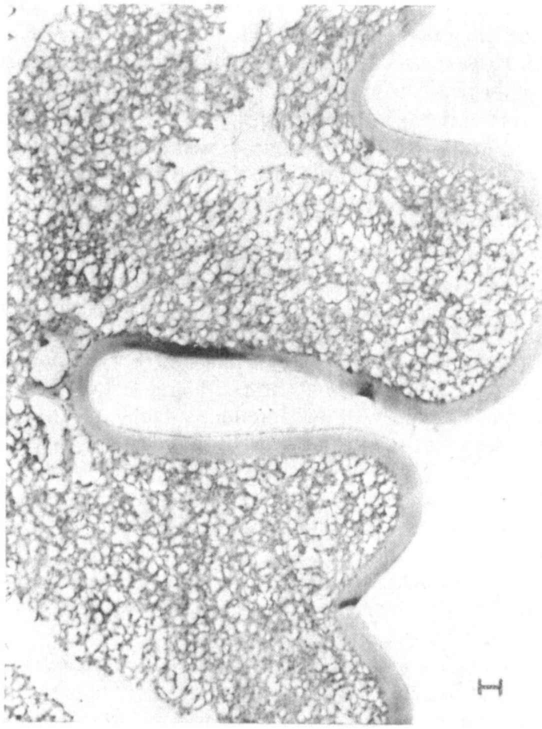

Bild 1. Probe *M* (1 n H_2SO_4/2 n Na_2SO_4/0,045 n $ZnSO_4$/21 °C) Vergrößerung 3500:1

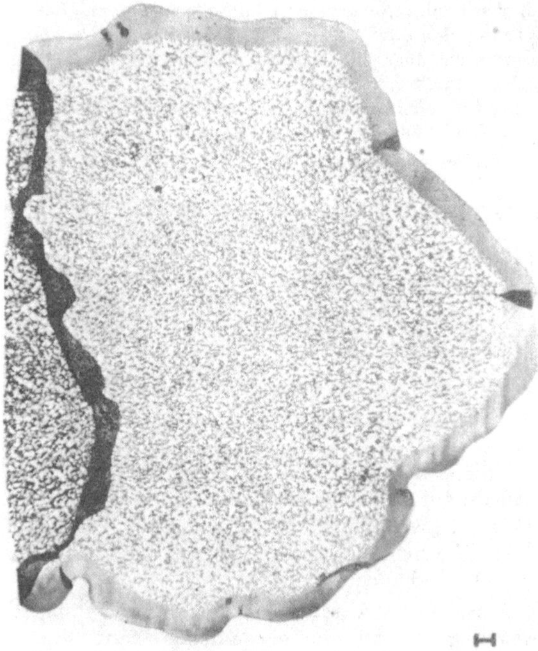

Bild 2. Probe *N* (1 n H_2SO_4/2 n Na_2SO_4/0,105 n $ZnSO_4$/21 °C) Vergrößerung 3000:1

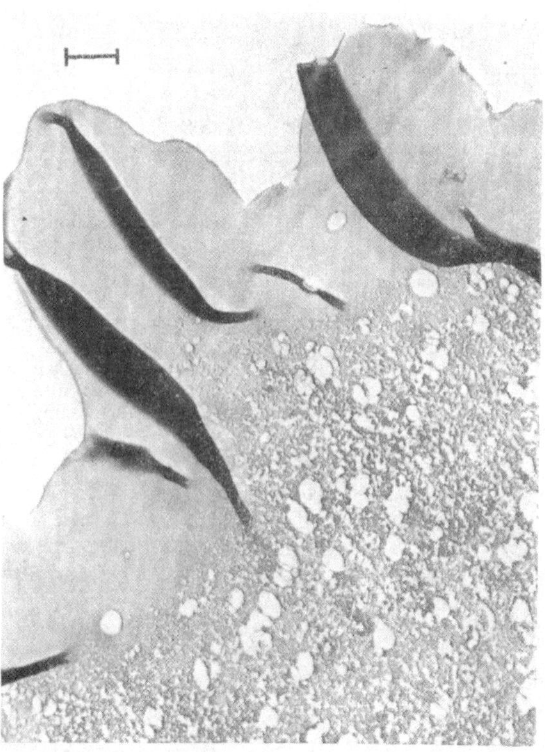

Bild 3. Probe *O* (1 n H_2SO_4/2 n Na_2SO_4/0,315 n $ZnSO_4$/21 °C) Vergrößerung 8000:1

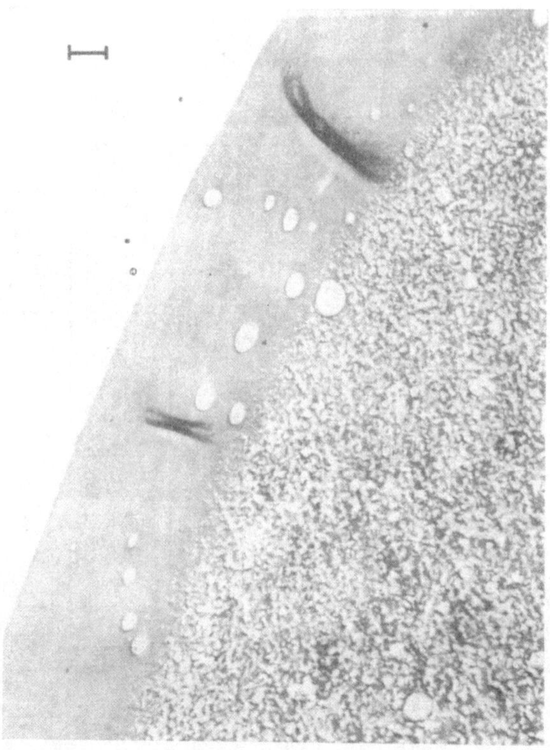

Bild 4. Probe *OM* (1 n H_2SO_4/2 n Na_2SO_4/0,315 n $ZnSO_4$/21 °C; modifikatorhaltige Viskose) Vergrößerung 6000:1

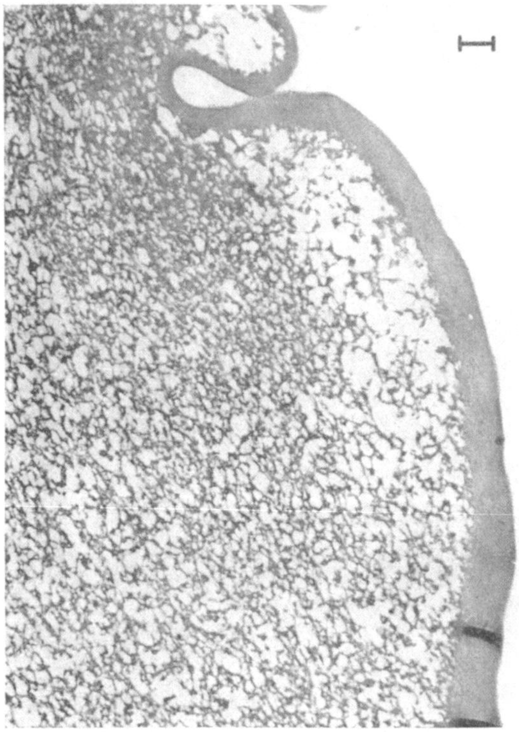

Bild 5. Probe *P* (1 n H_2SO_4/2 n Na_2SO_4/0,045 n $ZnSO_4$/45 °C) Vergrößerung 5000:1

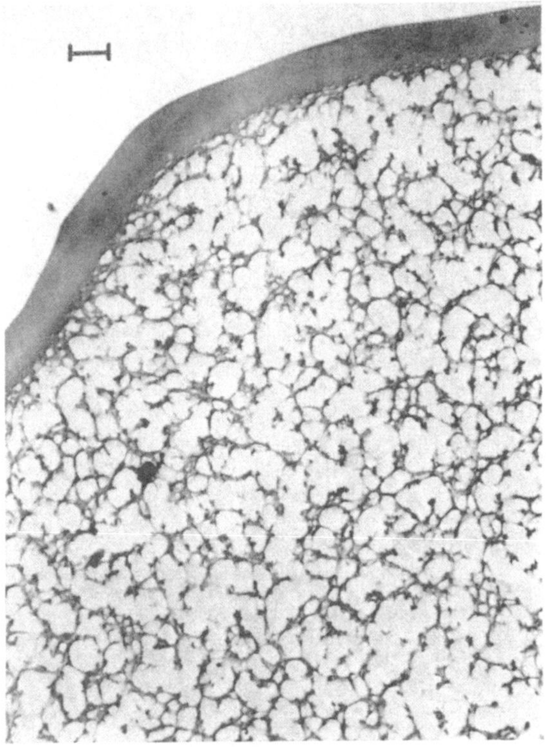

Bild 6. Probe *Q* (1 n H_2SO_4/2 n Na_2SO_4/0,105 n $ZnSO_4$/45 °C) Vergrößerung 6000:1

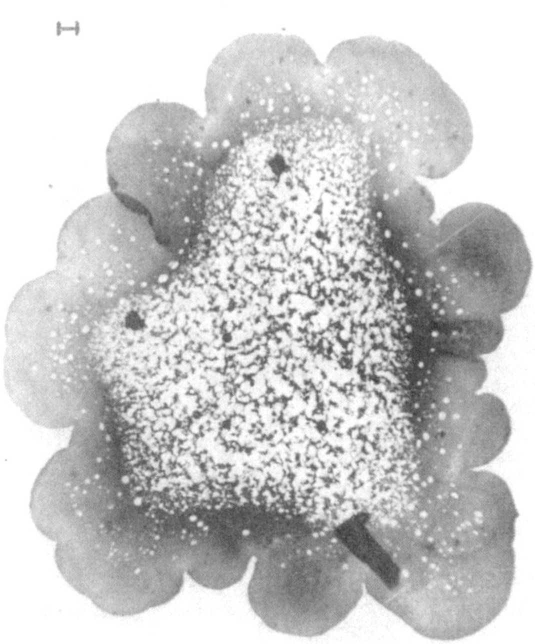

Bild 7. Probe *R* (1 n H_2SO_5/2 n Na_2SO_4/0,315 n $ZnSO_4$/45 °C) Vergrößerung 3400:1

Bild 8. Probe *RM* (1 n H_2SO_4/2 n Na_2SO_4/0,315 n $ZnSO_4$/45 °C; modifikatorhaltige Viskose) Vergrößerung 4400:1

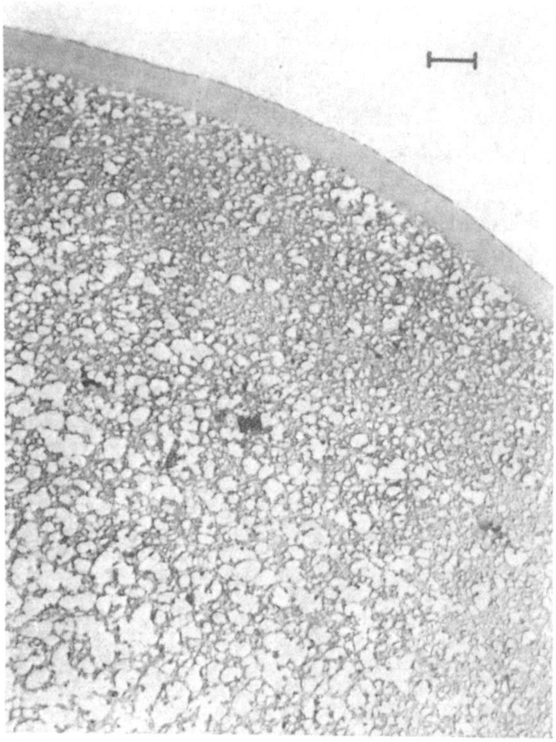

Bild 9. Probe *S* (1 n H_2SO_4/2 n Na_2SO_4/0,045 n $ZnSO_4$/62 °C) Vergrößerung 7000:1

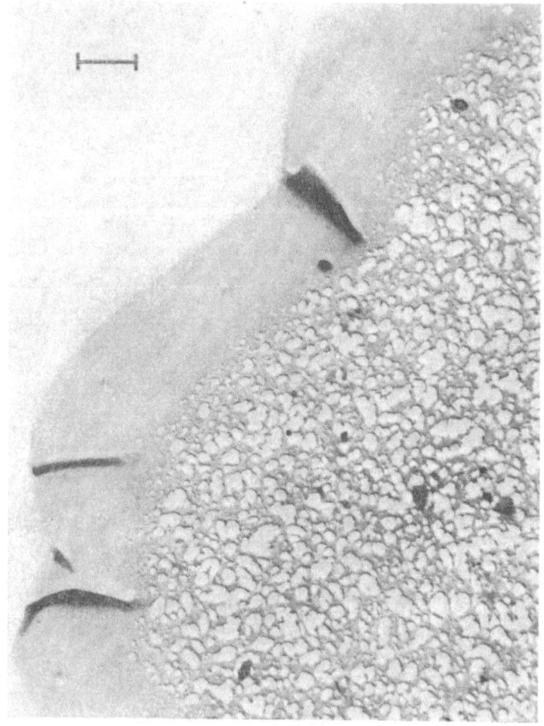

Bild 10. Probe *T* (1 n H_2SO_4/2 n Na_2SO_4/0,105 n $ZnSO_4$/62 °C) Vergrößerung 9000:1

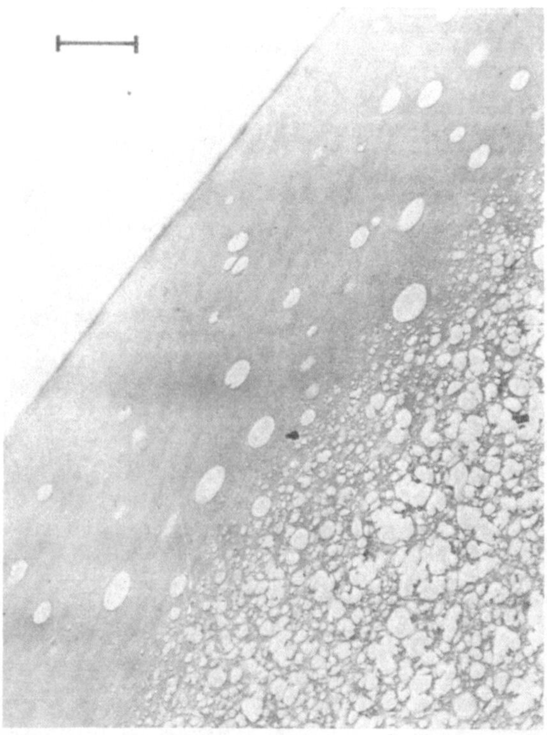

Bild 11. Probe *U* (1 n H_2SO_4/2 n Na_2SO_4/0,315 n $ZnSO_4$/62 °C) Vergrößerung 12000:1

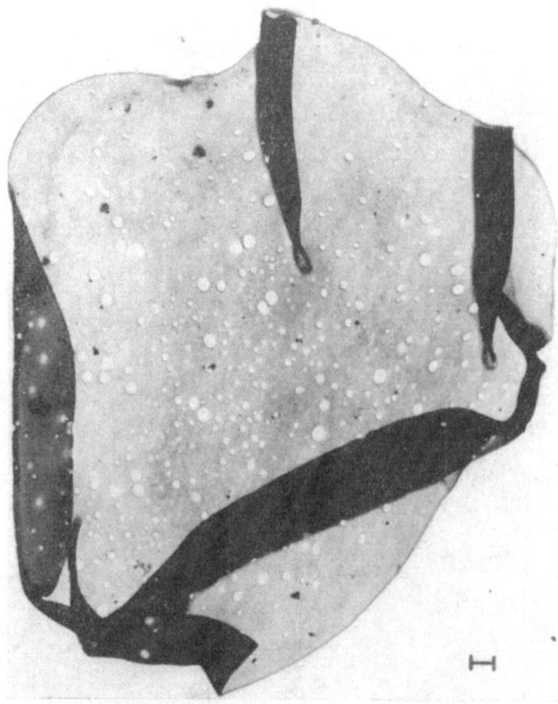

Bild 12. Probe *UM* (1 n H_2SO_4/2 n Na_2SO_4/0,315 n $ZnSO_4$/62 °C; modifikatorhaltige Viskose) Vergrößerung 3600:1

Tabelle 2. Charakteristische Strukturmerkmale der untersuchten Gelfäden

Proben-Nr.	Bild-Nr.	$ZnSO_4$-Konz. im Spinnbad 1 n H_2SO_4 2 n Na_2SO_4	Spinnbad-temp.	Querschnittsform der Fäden	Randzone		Charakteristik des Cellulosenetzes im Innern der Fäden		
					Breite	Hohlraumverteilung und -durchmesser	Fibrillen und Aggregationen	Hohlraumgröße Durchmesser	Bemerkungen
			°C		µm	µm	Breite in Å	Å	
K		ohne	20	rund bis oval	0,2···0,3 separate Schicht von ca. 0,1	—	z. T. 100, 200···800	300···4500	regelmäßiges, weitmaschiges Cellulosenetz
M	1, 15a	0,045 n	21	gelappt	0,4···0,8	ohne	z. T. 100, 200···1000	400···6500, große Entmischungshohlräume	unregelmäßiges Cellulosenetz mit dichteren Bereichen
N	2, 15b	0,105 n	21	gelappt	1,0···1,2	ohne	z. T. 100, 150···800	200···4000	sehr regelmäßiges, engmaschiges Cellulosenetz
O	3, 15c, d	0,315 n	21	stark gelappt	2,4···3,9 starke Einschnürungen	ganz vereinzelt 0,25···0,5	vereinzelt 100···400, überwiegend „Cluster" bis 2000	200···2000 2000···7000	Cellulosenetz ungleichmäßig, enthält große Hohlräume
OM	4, 15g	0,315 n	21	hantelförmig bis oval	3,3···4,0	wechselnd 0,04···0,1; 0,15···0,9	z. T. 100···600, vorwiegend „Cluster" 600···2000	200···2000 vereinzelt 3000···8000	regelmäßiges und dichtes Cellulosenetz mit einzelnen großen Hohlräumen
P	5	0,045 n	45	gelappt	0,25···1,4 stark wechselnde Randzonenbreite	ohne	100···1000, vereinzelt „Cluster" in dichten Bereichen	300···3000	regelmäßiges Netz, im Bereich geringer Randzonenstärke aber dicht
Q	6	0,105 n	45	rund, gewellte Randlinie	0,7···1,0	ohne	200···1000	600···9000	grobmaschiges, regelmäßiges Cellulosenetz
R	7, 15e	0,315 n	45	gelappt	2···4,5 starke Einschnürungen	wechselnd 0,03···0,25	vereinzelt 100, 200···800	200···8000	weitmaschiges Cellulosenetz
RM	8, 15h	0,315 n	45	annähernd rund	gesamter Faden	im Zentrum häufig 0,04···0,5	—	—	ohne lockeres Cellulosenetz
S	9	0,045 n	62	rund, Rand z. T. gewellt	0,3···0,7	ohne	vereinzelt 100, 200···1000, vereinzelt „Cluster" in Randzonennähe	1000···6000	engmaschiger Übergangsbereich zw. Randzone und weitmaschigem Cellulosenetz im Zentrum
T	10	0,105 n	62	gelappt	1,1···1,6	ganz vereinzelt 0,02···0,1	vereinzelt 100···200, 300···800, „Cluster"	200···4000	Cellulosenetz besteht überwiegend aus breiten Aggregationen und großen Hohlräumen
U	11, 13 15f	0,315 n	62	grob gelappt bis hantelförmig	2,6···3,2	häufig 0,04···0,5	100···200, 300···500	150···4000	weitmaschiges, relativ gleichmäßiges Netz mit separaten großen Hohlräumen
UM	12, 15i	0,315 n	62	annähernd rund Rand etwas gewellt	gesamter Faden	häufig, außer Randbereich 0,05···0,6	—	—	ohne lockeres Cellulosenetz

Bei einer Konzentration von 0,045n Zinksulfat im Spinnbad liegt die Randzonenbreite unter Berücksichtigung der relativ großen Streuung der Werte für alle Temperaturen in einem Größenbereich. Wir verweisen aber auf Bild 5 (45 °C), das zeigt, wie sich die Breite der Randzone innerhalb eines Querschnittes verändern kann. Prinzipiell haben wir bei 0,105n Zinksulfat die gleichen Verhältnisse, jedoch mit der Einschränkung, daß bei 45 °C die Werte für die Randzonenbreite etwas niedriger sind und weniger schwanken. Bei einer Zinksulfatkonzentration von 0,315n können wir beobachten, daß die Streuung der Werte bei 21 und 45 °C besonders groß ist. Hier müssen die starken Einschnürungen in der Randzone berücksichtigt werden, die bei 0,045n und 0,105n Zinksulfat nicht vorhanden waren. Dadurch ergeben sich Querschnittsformen, wie sie die Bilder 4 und 7 zeigen. Beim Übergang von 45 auf 62 °C ist ein deutlicher Temperatureinfluß vorhanden. Die starken Einschnürungen verschwinden, und die Streuung der Werte wird wesentlich geringer. Es entsteht eine gleichmäßige Randzone und eine veränderte Querschnittsform (s. Bilder 11 und 13).

Die Bilder 3, 7, 11 und 13 weisen weiterhin aus, daß bei einer Konzentration von 0,315n $ZnSO_4$ die Randzonen von Hohlräumen unterschiedlicher Größe durchsetzt sind. Die Durchmesser der Hohlräume schwanken zwischen 0,02 bis 0,5 µm, und die Anzahl nimmt mit steigender Temperatur zu. Ihre Form ist rund bis oval, und sie enthalten keine cellulosische Substanz.

Diese Hohlräume sind in Form und Größe mit jenen zu vergleichen, die von anderen Autoren bisher als wesentlichstes Strukturmerkmal an Ultradünnschnitten getrockneter Celluloseregeneratfäden hervorgehoben wurden [9, 10, 11, 20]. Charakteristisch ist, daß sie im allgemeinen erst in einem gewissen Abstand von der Fadenoberfläche auftreten, was auch *Cumberbirch* u. Mitarb. [9] nachwiesen. Wie wir im Teil III dieser Veröffentlichungsreihe darlegten, ist die Entstehung solcher Hohlräume auf die Ansammlung von Zersetzungsprodukten zurückzuführen [16]. Da die Zersetzung des Cellulosexanthogenates durch die Temperaturerhöhung beschleunigt wird, kann die Zunahme der Zahl der Hohlräume in der Randzone damit erklärt werden.

Wie beim zinkfreien Spinnprozeß [17] bildet ein großer Teil der Cellulosesubstanz dreidimensionale Netze von Fibrillen und ihren Aggregationen aus, die Hohlraumsysteme umschließen. In Tabelle 2 sind die Breiten der Strukturelemente der Cellulosenetze und die Abmessungen der eingeschlossenen Hohlräume sowie einige charakteristische Merkmale der Netzwerke in den letzten drei Spalten zusammengestellt.

Betrachtet man zunächst die Strukturelemente, so ist festzustellen, daß bei allen Fadenproben Fibrillen von 100 bis 200 Å Breite auftreten. Wesentlich häufiger erkennt man Aggregationen dieser Fibrillen von 200 bis 1000 Å. Ein Teil der Fäden enthält außerdem noch größere, haufenförmige Celluloseansammlungen, in denen keine Differenzierung in fibrillare Grundelemente möglich ist. Sie wurden als „Cluster" bezeichnet.

Weiterhin kann man Unterschiede in der Morphologie der Fadenproben feststellen, die auf der Verknüpfungshäufigkeit der Strukturelemente untereinander beruhen. Dadurch werden, abhängig von den Abmessungen der

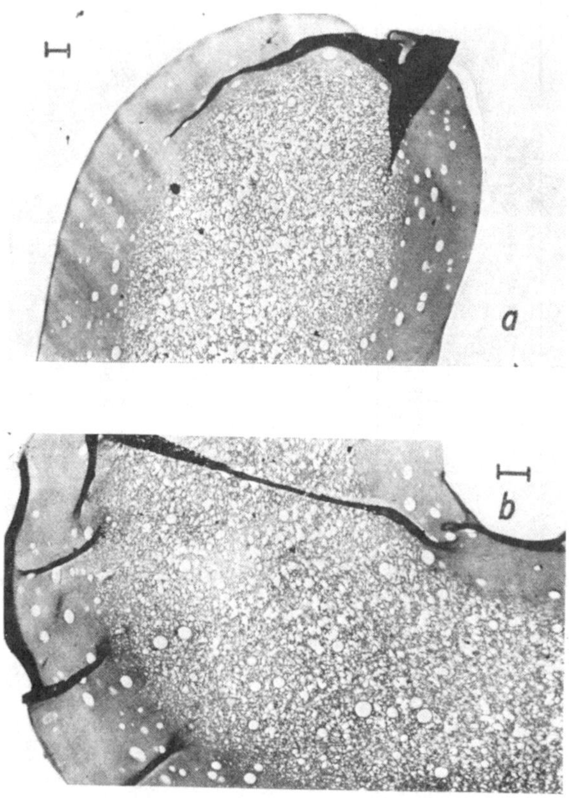

Bild 13. Probe *UM* (1n H_2SO_4/2n Na_2SO_4/0,315n $ZnSO_4$/ 63 °C)
Vergrößerung a. 4000:1
b. 4500:1

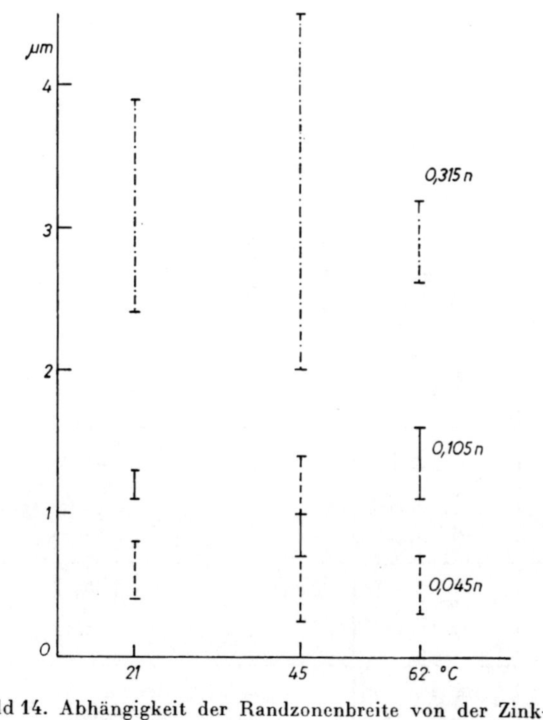

Bild 14. Abhängigkeit der Randzonenbreite von der Zinksulfatkonzentration und von der Temperatur

Strukturelemente, verschieden große Hohlräume im Netzwerk eingeschlossen, und man erhält Unterschiede in der Regelmäßigkeit und Packungsdichte der Netzwerke.

Vergleicht man die Morphologie dieser Netzwerke mit denen des zinkfreien Spinnprozesses ([17]; s. z. B. Probe *K* in Tabelle 2), so sind bei dem größten Teil der Fadenproben kaum wesentliche Unterschiede in den Abmessungen der Strukturelemente und der Organisationsform festzustellen. Nur der Anteil der höher aggregierten Strukturelemente hat zugenommen. Zu dieser Gruppe gehören die Proben *M*, *N*, *Q*, *R* und *U*, die in den Bildern 1, 2, 6, 7 und 11 gezeigt werden. Sie sind durch mehr oder weniger dichte und regelmäßige Netzanordnungen gekennzeichnet.

In anderen Proben erkennt man jedoch Abweichungen und Besonderheiten zu den erstgenannten Netzwerken: Vorwiegend aus „Clustern" sind die Cellulosenetze der Proben *O* und *T* (Bilder 3 und 10) aufgebaut. Netzverdichtungen, in denen ebenfalls vereinzelt „Cluster" vorkommen, beobachtet man in den Proben *P* und *S* (Bilder 5 und 9), deren Netzwerke aber im übrigen dem zinkfreien Spinnprozeß vergleichbar sind.

Daneben treten große separate Hohlräume in den Proben *M*, *O* und *U* auf. In der Probe *M* (Bild 1) haben sie die Gestalt unregelmäßiger Vakuolen, die wir auch in den lichtmikroskopisch untersuchten Dünnschnitten dieser Fadenprobe wiederfinden (Bild 15a). Da sie unmittelbar mit dem umgebenden Netzwerk in Verbindung stehen, kann man die Vakuolen als große Entmischungshohlräume betrachten. In dieser Hinsicht sind sie mit den in Teil IV [17] besprochenen Radialkapillaren des zinkfreien Spinnprozesses vergleichbar. Ebenfalls mit dem umgebenden Netzwerk in Verbindung stehende große Hohlräume sind in der Probe *O* (Bild 3) vorhanden. Wir rechnen auch sie zu den Entmischungshohlräumen. Sehr regelmäßige, runde Hohlräume beobachtet man dagegen in Bild 13 (Probe *U*, 62 °C). Sie sind von Verdichtungen des Cellulosenetzes umgeben. Aus den Untersuchungen in Teil III [16] und denen von *Coalsson*, *Day* und *Marchessault* [21] wissen wir, daß solche Verdichtungen auf der Verdrängung des Netzes beruhen, die auf lokale Ansammlungen von Zersetzungsprodukten, die besonders bei hohen Temperaturen in größerer Menge entstehen können, zurückgeführt werden müssen.

Es ergibt sich nun die Frage, welche Spinnbedingungen für die regelmäßigen Netzstrukturen und für die Ausbildung der Strukturbesonderheiten verantwortlich sind. Vergleicht man daraufhin die Netzwerkmorphologie der einzelnen Proben mit den Herstellungsbedingungen, so können weder zur Steigerung der Zinksulfatkonzentration noch zur Temperatur irgendwelche Beziehungen gefunden werden, die eine Zuordnung erlauben. Die beobachteten Strukturen in den Netzwerken sind überwiegend denen des zinkfreien Spinnprozesses ähnlich. Nur das vermehrte Auftreten von „Clustern" und von Netzverdichtungen in einigen Proben stellen Abweichungen gegenüber dem zinkfreien Spinnprozeß dar. Sie müssen als Zunahme der Aggregation der Strukturelemente gewertet werden, so daß zu den übrigen Proben nur ein gradueller, jedoch kein prinzipieller Unterschied besteht. Der Entstehung der Netzwerke liegen somit annähernd die Bedingungen des zinkfreien Spinnprozesses zugrunde.

2.2. Modifikator

Modifikatoren werden beim Supercord- und beim HWM-Spinnprozeß eingesetzt. Ihre Wirkung ist von einem relativ hohen Zinksulfatgehalt im Spinnbad abhängig. Wir prüften deshalb, ob bereits bei 0,315 n Zinksulfat im Spinnbad eine Wirkung des Modifikators auftritt. Als Modifikator wurden der Viskose 2,5 g/l Oxydwachs AN, einem Polyäthylenoxid mit einer rel. Molekülmasse von 1200 (VEB Chemische Werke Buna) hinzugesetzt. Wir arbeiteten bei Spinnbadtemperaturen von 21, 45 und 62 °C.

Zur Charakterisierung der Modifikatorwirkung wurden die γ-Werte und die Neutralpunkte beim unmodifizierten (Proben *O*, *R*, *U*) und modifizierten Prozeß (Proben *OM*, *RM*, *UM*) gemessen. In Tabelle 1 sind die entsprechenden Daten aufgeführt. Sowohl die Neutralpunkte als auch die γ-Werte lassen bei allen drei Temperaturen eine deutliche Verzögerung der Neutralisation und der Zersetzung bei den modifizierten Proben erkennen. Daraus kann man schließen, daß der Modifikator Oxydwachs AN unter den angegebenen Bedingungen bei einer Zinksulfatkonzentration von 0,315 n wirksam wird.

Die Querschnittsbilder der modifizierten Fäden sind in den Bildern 4, 8 und 12 sowie der unmodifizierten Proben in den Bildern 3, 7 und 11 zu sehen. Die Strukturmerkmale enthält die Tabelle 2.

Ein Vergleich der Bilder 3 und 4 beweist, daß der Modifikator bereits bei 21 °C deutliche Auswirkungen auf die Struktur hat. Die Querschnittsform wird rund, die Randzonenbreite wird gleichmäßiger und in der Randzone sind große Hohlräume zu finden. Die homogene Netzstruktur im Fadeninneren enthält vereinzelt ebenfalls große runde Hohlräume. Als Strukturelemente des Netzes sind neben Fibrillen von 100 bis 600 Å Breite überwiegend „Cluster" mit einem Durchmesser von 600 bis 2000 Å vorhanden.

Bei einer Spinnbadtemperatur von 45 °C sind die Strukturveränderungen besonders auffällig. Ist der ohne Modifikator ersponnene Faden (Bild 7) noch durch die Differenzierung in eine dichte Randzone und ein lockeres Cellulosenetz gekennzeichnet, so fehlt in der „modifizierten" Probe (Bild 8) das lockere Cellulosenetz völlig. Der gesamte Querschnitt besteht aus kompakter Cellulosesubstanz, über deren Feinstruktur unter diesen Präparationsbedingungen nichts mehr ausgesagt werden kann. Das Zentrum des Fadens enthält große Hohlräume, die mit den von *Kaeppner* in Supercordfäden gefundenen vergleichbar sind [10]. Durch den Modifikator wurde die Querschnittsform der Fäden von stark gelappt zu rund verändert.

Ähnliche Ergebnisse erhält man bei 62 °C. Die Fäden haben eine annähernd runde Querschnittsform. Auch hier besteht der gesamte Faden aus kompakter Cellulosesubstanz (Bild 12). Die Erhöhung der Spinnbadtemperatur bewirkt, daß die Anzahl der Hohlräume zunimmt, die nun fast über den gesamten Fadenquerschnitt verteilt sind. Nur ein Randbereich von ca. 2 µm enthält kaum Hohlräume.

Als äußere Begrenzung des Fadenquerschnittes erkennt man eine 400 bis 800 Å breite, etwas dunklere Schicht. Sie ist teilweise auch bei den Fäden vorhanden, die bei 45 °C (Bild 8) ersponnen wurden. Für 21 °C konnten an hier nicht gezeigten Querschnitten nur noch Reste davon gefunden werden. Die Stabilität dieser Schicht scheint somit von der Temperatur abhängig zu sein. Wir nehmen, ebenso wie beim unmodifizierten Spinnprozeß, an, daß es sich bei dieser Schicht um die Kutikula handelt, die gerade für den modifizierten Prozeß gefordert wird [22].

Zusammenfassend kann festgestellt werden, daß im elektronenmikroskopischen Querschnittsbild von Fäden, die sich noch im primären Gelzustand befinden, deutliche Veränderungen der Fadenmorphologie durch die Wirkung des Modifikators auftreten. Sie bestehen vor allem darin, daß mit steigender Wirksamkeit des Modifikators bei Erhöhung der Temperatur die für den unmodifizierten Spinnprozeß typische Differenzierung in Randzone und lockeres Cellulosenetz aufhört und die Randzone sich über den gesamten Faden erstreckt. Die Querschnitte werden annähernd rund und sind von vielen Hohlräumen durchsetzt, deren Häufigkeit, Größe und Verteilung mit der Temperatur wechseln.

2.3. *Lichtmikroskopische Querschnittsuntersuchungen*

Seitdem *Preston* [23] entdeckte, daß an Fäden, die in zinkhaltigen Spinnbädern ersponnen waren, zwei verschieden anfärbende Zonen vorhanden sind, ist die Querschnittsanfärbung eine gebräuchliche Methode zur Klassifizierung von Struktur- und Eigenschaftsunterschieden zwischen den Celluloseregeneratfäden geworden. Da wir mit den vorliegenden Untersuchungen diese zwei Strukturzonen erstmals auch elektronenmikroskopisch eindeutig nachweisen konnten, war es notwendig festzustellen, welche Beziehungen zwischen den Ultradünnschnittstrukturen Randzone und Cellulosenetz und den Strukturzonen Mantel und Kern bestehen. Zu diesem Zwecke wurden Dünnschnittsanfärbungen mit den heute gebräuchlichsten Farbstoffen Solophenylblaugrün und Viktoriablau an allen Fadenproben durchgeführt [24]. Einige typische Beispiele sind in Bild 15 zusammengestellt.

Die Bilder 15a bis c zeigen die bekannte Tatsache [25, 26], daß mit steigender Zinksulfatkonzentration die Mantelzone breiter wird und die Querschnitte eine stärker gelappte Form annehmen. Der Einfluß steigender Temperatur bei konstanter Zinksulfatkonzentration im Spinnbad (Bilder 15d bis f) äußert sich nur in der Veränderung der Querschnittsform, wogegen die Randzonenbreite kaum beeinflußt wird. Im Gegensatz dazu ist der Temperatureinfluß beim Spinnprozeß mit Modifikator in der Viskose sowohl durch eine starke Veränderung der Querschnittsform als auch des Mantelanteils gekennzeichnet (Bilder 15g bis i).

Aus den Anfärbeversuchen ist somit ganz allgemein zu entnehmen, daß alle Fäden, deren Ultradünnschnitte eine unter der Wirkung von Zink entstandene dichte Randzone aufweisen, auch Mantel/Kern-Färbungen ergeben, die qualitativ den elektronenmikroskoopischen Ergebnissen entsprechen. Auch die modifizierten Proben *RM* (Bild 15h Solophenylblaugrün) und *UM* (Bild 15i) werden bei der Anfärbung mit dem Kernfarbstoff Solophenylblaugrün in Übereinstimmung mit den elektronenmikroskopischen Querschnittsaufnahmen als Vollmantel-Fäden ausgewiesen. Wird Probe *UM* (62 °C) allerdings mit dem Mantelfarbstoff Viktoriablau angefärbt (Bild 15i), so zeigt sie im Gegensatz zu Probe *R* (45 °C) im Zentrum einen unangefärbten Bereich. Die optimale Spinnbadtemperatur zur Ausbildung einer Vollmantelstruktur scheint somit bei 62 °C überschritten zu sein. Im elektronenmikroskopischen Bild dieser Probe (Bild 12) ist aber keine Differenzierung in zwei Strukturzonen zu beobachten. Wir erhalten dadurch den Hinweis, daß auch in diesem elektronenoptisch homogen erscheinenden Faden Strukturunterschiede vorhanden sein müssen.

Weiterhin ermittelten wir die Flächen von Mantel und Kern aus den Dünnschnitten sowie von Randzone und Cellulosenetz aus den Ultradünnschnitten. Für die Probe *R* (0,315 n $ZnSO_4$, 45 °C) sind diese Flächen in Tabelle 3 gegenübergestellt.

Wie aus Spalte 3 hervorgeht, bestehen zwischen den einzelnen Aufnahmeverfahren (Spalte 1) große Differenzen in den Querschnittsflächen. Sie sind darauf zurückzuführen, daß in Abhängigkeit von den Präparationsverfahren zur Anfertigung der Ultradünnschnitte und der Anfärbung der Dünnschnitte verschiedene

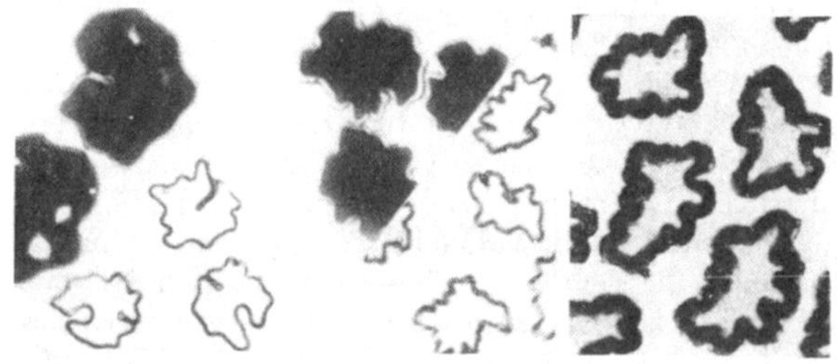

a bis c) Proben *M, N, O*; steigende Zinksulfatkonzentration bei 21 °C

d bis f) Proben *O, R, U*; modifikatorfreie Viskose; 0,315 n $ZnSO_4$, steigende Temperatur

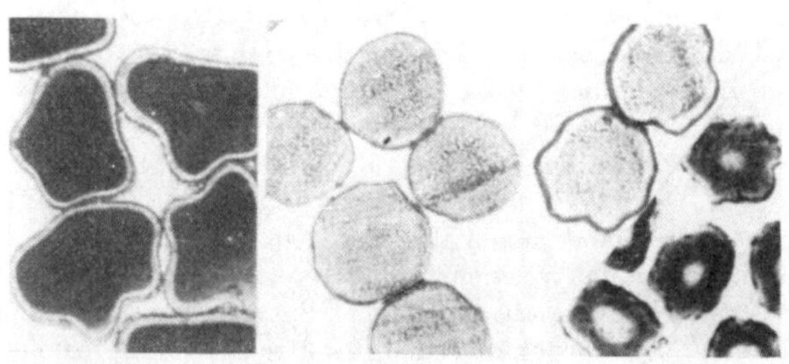

g bis i) Proben *OM, RM, UM*; modifikatorhaltige Viskose; 0,315 n $ZnSO_4$, steigende Temperatur

Bild 15. Lichtmikroskopische Querschnittsaufnahmen von angefärbten Dünnschnitten (Solophenylblaugrün/Viktoriablau)

Vergrößerung 350:1

Quellungszustände vorliegen (s. Spalte 2). Zwischen den luftgetrockneten und den wiederaufgequollenen Fäden sind diese Unterschiede in Bild 15e (Solophenylblaugrün/Viktoriablau) zu erkennen. Da die Ultradünnschnitte den durch Lösungsmittelaustausch bewahrten primären Gelzustand der Fäden besitzen, messen wir demzufolge auch die größte Querschnittsfläche aus.

Auf Grund dieser unterschiedlichen Quellungszustände ist ein direkter Vergleich der Flächen von Mantel und Kern mit Randzone und Cellulosenetz nicht zweckmäßig (Spalte 4 und 5). Wir haben deshalb den prozentualen Anteil dieser Flächen am Gesamtquerschnitt ermittelt (Spalte 6 und 7).

Der Vergleich zeigt eine gute Übereinstimmung des Flächenverhältnisses Mantel zu Kern der solophenylblaugrüngefärbten Querschnitte mit dem Flächenverhältnis Randzone zu Cellulosenetz bei den Ultradünnschnitten. Demgegenüber ergibt die Färbung mit Viktoriablau einen prozentual viel größeren Mantelanteil. Vergleicht man daraufhin die absoluten Flächen für die zwei Anfärbeverfahren (Spalte 4 und 5), so ist zu erkennen, daß die Mantelflächen nahezu übereinstimmen und nur die Kernflächen stark differieren. Daraus ist ersichtlich, daß die Unterschiede im Mantel/Kern-Verhältnis zwischen den zwei Anfärbeverfahren auf das verschiedene Quellungsverhalten von Mantel und Kern zurückzuführen sind.

Bezieht man nun alle Querschnittsflächen prozentual auf die Flächen der Ultradünnschnittsaufnahmen, so bekommt man Informationen über den Schrumpfungs- bzw. Quellungsvorgang beim Trocknen und Wiederaufquellen der Fäden (Spalte 8, 9 und 10). Es zeigt sich, daß die im Ultradünnschnitt bereits sehr dicht erscheinende Mantelzone bei der Lufttrocknung nur auf 13% der Ausgangsfläche des Fadens schrumpft, während das sehr lockere Cellulosenetz, das im primären Quellungszustand über 37% der Ultradünnschnittsfläche verfügt, nach der Trocknung nur noch 3,3% beansprucht, d. h., es schrumpft um 91%. Um diese Diskrepanz auszugleichen, muß sich der Mantel während der Trocknung in den Faden hineinfalten, wodurch die gelappte Querschnittsform der Fäden verstärkt wird. Besonders deutlich ist dies an Fäden zu beobachten, die dünne Mantelzonen besitzen, wie der Vergleich der Bilder 2 und 15b (Viktoriablau) zeigt. Die Faltung der trockenen Fäden wird beim Wiederaufquellen z. T. rückgängig gemacht (Bild 15b, Solophenylblaugrün). Die Spalten 9 und 10 in Tabelle 3 beweisen, daß dabei hauptsächlich die Kernzone aufquillt. Daraus können wir ableiten, daß die im Ultradünnschnitt sehr locker erscheinende Kernzone auch nach einer Trocknung der aktivere Teil bei Quellungsreaktionen ist. Diese Aussage stimmt mit Beobachtungen von *Morehead* und *Sisson* überein, die fanden, daß der Fadenkern ein höheres Quellungsvermögen besitzt als der Fadenmantel [25].

Die wesentlich größere Schrumpfung des Kerns gegenüber dem Mantel bei der Trocknung der Fäden läßt die aus den Ultradünnschnittsaufnahmen bereits visuell zu gewinnende Aussage zu, daß die Mantelzone in den Ultradünnschnitten wesentlich mehr Cellulosesubstanz enthält als eine entsprechende Fläche des lockeren Cellulosenetzes. Unter der Voraussetzung, daß der aus der Düse austretende Viskosestrahl eine homogene Celluloseverteilung besitzt, kommt es somit beim Fadenbildungsprozeß in Gegenwart von Zink im Spinnbad zu einer Anhäufung von Cellulose an der Fadenperipherie.

Tabelle 3. Querschnittsflächen von Mantel und Kern und ihr prozentuales Verhältnis zu den Gesamtflächen in Abhängigkeit von den Aufnahme- und Trocknungsverfahren

1	2	3	4	5	6	7	8	9	10
Probe R	Trocknungszustand	Querschnittsfläche µm²	Kernfläche µm²	Mantelfläche µm²	Anteil der Kernfläche am Gesamtquerschnitt %	Anteil der Mantelfläche am Gesamtquerschnitt %	Verhältnis der Einzelflächen zur Ultradünnschnittsgesamtfläche in %		
							Querschnittsfläche	Kernfläche	Mantelfläche
Elektronenmikroskopische Ultradünnschnittsaufnahmen	primärer Gelzustand	326	120	206	37	63	100	37	63
Lichtmikroskopische Querschnittsaufnahmen (Viktoriablau)	luftgetrocknet	53	11	42	21	79	16,3	3,3	13
Lichtmikroskopische Querschnittsaufnahmen (Solophenylblaugrün)	nach Lufttrocknung in Wasser aufgequollen	78	31	47	40	60	23,9	9,5	14,4

Tabelle 4.
Charakterisierung von Fadenproben, die nahe derSpinndüse aus dem Spinnbad entnommen wurden durch pH- und γ-Wert

Indikator	Umschlagsbereich des Indikators pH	Farbumschlag des Indikators	Umschlagspunkt in s	γ-Wert am Umschlagspunkt*)
Thymolsulfonphthalein	9,6···8,0	blauviolett/gelb	0,53	40,7
Bromkreolpurpur	6,8···5,2	purpur/gelb	0,65	39,6

*) γ-Wert der Viskose 42,1

Zur Prüfung dieser Aussage mußten möglichst nahe der Düse Fadenproben aus dem Spinnbad entnommen werden. Um den Zeitpunkt der Probenahme genau zu fixieren, wählten wir die Umschlagspunkte der mit Viskose verträglichen Indikatoren Bromkresolpurpur (Feinchemie KG, Sebnitz) und Thymolsulfonphthalein (VEB Berlin-Chemie). An den Umschlagspunkten wird angezeigt, daß die pH-Wert-Grenzlinien 6,8 bis 5,2 bzw. 9,6 bis 8,0 das Fadenzentrum erreicht haben. Zur Messung der Umschlagspunkte am entstehenden Faden wurde Viskose, die mit 1 Masse% des jeweiligen Indikators versetzt war, in ein Spinnbad von 1n H_2SO_4, 2n Na_2SO_4 und 0,107n $ZnSO_4$ bei 21 °C gesponnen. Den Farbumschlag beobachteten wir mit dem Stereomikroskop „Citoplast" (VEB Carl Zeiss Jena; [27]). Die Umschlagspunkte sind in Tabelle 4 als Sekunden Verweilzeit des Fadens im Spinnbad angegeben. Nach diesem Verfahren wurden auch die in Tabelle 1 enthaltenen Neutralpunkte ermittelt. Wie die γ-Werte in Tabelle 4 zeigen, hat an beiden Umschlagspunkten kaum eine Zersetzung des Cellulosexanthogenates stattgefunden.

In den Bildern 16 und 17 sind Querschnittsausschnitte dieser Fäden dargestellt. An beiden Fäden, d. h. sowohl am Neutralpunkt als auch bei einem pH-Wert von 9,6 bis 8,0, erkennt man die Auftrennung in Mantel und Kern. Die Entstehung des Mantels ist somit bei dem hier angewandten Verfahren nach einer Reaktionszeit von 0,53 s abgeschlossen. Die Mantelzone muß demzufolge noch näher zur Düse hin gebildet werden. In diesem Bereich besteht aber wegen der hohen Alkali-

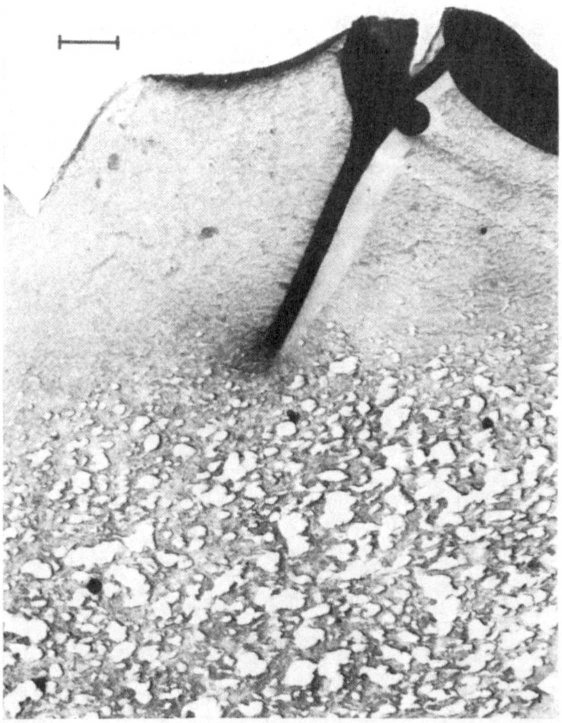

Bild 16. Am Umschlagspunkt des Indikators Thymolsulfonphthalein (pH 9,6 bis 8,0) aus dem Spinnbad (1n H_2SO_4 2n Na_2SO_4, 0,107n $ZnSO_4$/21 °C) entnommene Probe
Vergrößerung 9000:1

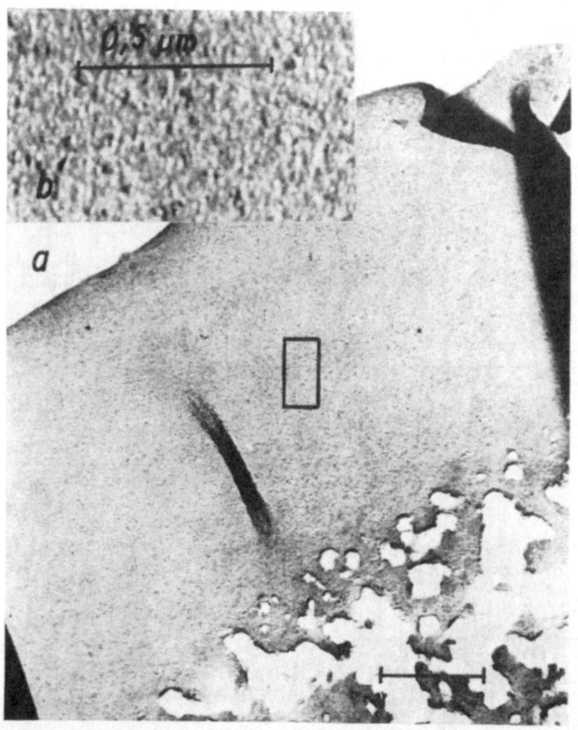

Bild 17. Am Neutralpunkt (pH 6,8 bis 5,2) aus dem Spinnbad (1n H_2SO_4, 2n Na_2SO_4/0,107n $ZnSO_4$/21 °C) entnommene Probe
Vergrößerung a) 15000:1
b) Vergrößerter Ausschnitt aus a. 55000:1

tät im Innern des Fadens das Zentrum noch aus Viskose. Dadurch sind die Fäden instabil, und eine Probenahme ist nicht mehr möglich.

Wie die Bilder 16 und 17 weiterhin ausweisen, hat der Mantel in Düsennähe mit ca. 5 µm (pH-Bereich 9,6 bis 8,0) bzw. 3,5 µm Breite (pH-Bereich 6,8 bis 5,2) eine wesentlich größere Ausdehnung als bei der entsprechenden Probe nach 500 mm Badstrecke, in der wir eine Mantelbreite von 1,2 µm finden (Probe *N*). An den Proben in Düsennähe können wir aber im Gegensatz zur Probe *N* eine grießige Feinstruktur in den Mantelzonen erkennen, die auf einen netzartigen Aufbau hinweist (Bild 17b).

Wir schließen aus diesen Beobachtungen, daß die Mantelzone in Düsennähe als relativ lockeres, aber engmaschiges und zusammenhängendes Cellulosenetz ausgebildet wird, das im Laufe der Fadenbildung zunächst als Cellulosexanthogenatgel langsam, dann aber während der Zersetzung zum Hydratcellulosegel schnell und stark entquillt.

Messungen der Querschnittsfläche in Abhängigkeit von der Badstrecke ergaben, daß die Querschnittsfläche sich im düsennahe Bereich ungefähr in dem Maße reduziert, wie die Mantelbreite abnimmt. Der Kernbereich dagegen bleibt über eine gewisse Strecke nahezu konstant. Wir führen das darauf zurück, daß durch die dichtere Packung der Cellulosesubstanz in der Mantelzone während der Dehydratisierung (z. B. bei der Zersetzung) eine stärkere Verknüpfung aller Strukturelemente eintritt, der Mantel als Ganzes schrumpft und dabei Dehydratationsflüssigkeit auspreßt, wogegen die Strukturelemente des Kerns, die als lockeres Cellulosenetz vorliegen, die Dehydratationsflüssigkeit einzeln an ihre Umgebung abgeben, ohne dabei die Morphologie des Kerns stärker zu verändern.

Erst mit dem Beginn der Trocknung tritt die beschriebene stärkere Schrumpfung der Kernzone gegenüber der Mantelzone auf. Bei der Trocknung, d. h. beim Entzug von Wasser aus dem Gesamtsystem des Fadens, ist dagegen anzunehmen, daß zunächst solange Wasser aus dem Zentrum des Fadens über das Kapillarsystem des Mantels abgeführt wird, bis die Strukturelemente des Kerns so dicht gepackt sind, daß sie einem weiteren Wasserentzug den gleichen Widerstand entgegenzusetzen vermögen wie der Mantel, in dem die enge dreidimensionale Verflechtung aller Strukturelemente eine Art selbstarmierendes System bilden [28]. Erst in diesem Moment beginnt bei der Trocknung auch der Mantel in stärkerem Maße zu schrumpfen.

3. *Zusammenfassung*

Bei Anwesenheit von Zinksulfat im Spinnbad werden Fäden gebildet, die im primären Gelzustand aus einer Randzone sehr dichter Cellulosepackung und einem lockeren dreidimensionalen Netz von Cellulosefibrillen und deren Aggregationen bestehen. Die Randzonenbreite nimmt mit steigender Zinksulfatkonzentration auf Kosten des lockeren Cellulosenetzes zu. Ein allgemeingültiger Einfluß der Temperatur auf die Morphologie der Netzwerke und auf die Randzonenbreite konnte nicht festgestellt werden.

Beim Spinnen modifikatorhaltiger Viskose ist das Verhältnis von Randzone zu Cellulosenetz stark von der Temperatur abhängig. Unter optimalen Bedingungen besteht der gesamte Faden aus dicht gepackter Cellulosesubstanz. Das Innere dieser Fäden enthält ebenso wie die Randzone der „unmodifizierten" Proben bei höherer Zinksulfatkonzentration große Hohlräume, die als Folge der Zersetzung des Cellulosexanthogenates und der Viskosenebenprodukte erklärt werden.

Das vom Fibrillengefüge des lockeren Cellulosenetzes umschlossene Hohlraumsystem ist dagegen auf die Ansammlung von Entmischungsflüssigkeit zurückzuführen.

Mantel/Kern-Färbungen an den getrockneten Fäden ergaben, daß die Randzone als Mantel und das lockere Cellulosenetz als Kern der Fäden anzusehen sind.

Bei der Trocknung der Fäden schrumpft der Kern wesentlich stärker als der Mantel. Dadurch wird eine Einfaltung des Mantels erzwungen, die zu gelappten Querschnittsformen führt.

Literatur

[1] *Götze, K.*: Chemiefasern nach dem Viskoseverfahren. Berlin/Heidelberg/New York: Springer 1967, S. 544ff.

[2] *Hermans, P. H.*: Physics and Chemistry of Cellulose Fibres, S. 172ff., S. 365ff.

[3] *Magel, B.*: Zitiert in *Götze, K.* [1], S. 544–545.

[4] *Götze, K.*: Neuere Erkenntnisse und Entwicklungen auf dem Gebiet der hochfesten Viskosefasern. Österr. Chemiker-Z. **65** (1964) S. 209–218.

[5] *Künschner, A.*: Querschnitts- und quellungsmorphologische Untersuchungen zur Unterscheidung der einzelnen Typen von Modalfasern untereinander und von anderen nach dem Viskoseverfahren hergestellten Fasern und Baumwolle. Teil I bis VI. Chemiefasern **17** (1967) S. 596–601, 744–752, 799–816, 1002–1009; **18** (1968) S. 54–60, 123–132.

[6] *Künschner, A.*: Die Charakterisierung von Viskosefasern durch ihr Quellungsverhalten in EWNN und Marschall-Lösungen. Chemiefasern **15** (1965) 9, S. 662 bis 668; 10, 783–788.

[7] Siehe in *Gensrich, H. J.*, und *Gröbe, A.*: Elektronenmikroskopische Untersuchungen an Ultradünnschnitten von Celluloseregeneratfäden. Teil II. Faserforsch. und Textiltechnik **20** (1969) 9, S. 425–433. Lit.-Zitate [13] bis [21].

[8] *Kassenbeck, P.*: La microscopie electronique au service de la recherche textil. Teintex, Paris **20** (1955) 7, S. 531–540.
Kassenbeck, P.: Application de l'ultramicrotomie à l'etude de la structure fine des fibres de rayonne viscose. Bull. Inst. Textile France (1956) 61, S. 7–15.
Kassenbeck, P.: Neue präparative Methoden der Elektronenmikroskopie und ihre Ergebnisse auf dem Gebiet der Faserforschung. Melliand Textilber. **39** (1958) 1, S. 55–61.

[9] *Cumberbirch, R. J. E.*, *Drummond, D. G.*, *Ford, J. E.*, und *Simmens, S. E.*: Model viscose rayon filaments. J. Textile Inst. **50** (1959) 3, S. T262–T283.

[10] *Kaeppner, W. M.*: Electron microscope observations on the fine structure of rayon. Tappi, New York **46** (1963) 11, S. 637–644.
Kaeppner, W. M., und *Huang, Y. M.*: Electron microscope observations on cellulose graft copolymers: Radiation induced rayon-styrene graft copolymers. Textile Res. J. **35** (1965) 6, S. 504–516.

[11] *Spit, B. J.*: Preparation techniques for studying voids in cellulose from viscose. J. Textile Inst. **50** (1959) 10, S. T553–T557.

[12] *Nikonovič, G. V.*, *Leont'eva, S. A.*, *Burchanova, N. D.*, und *Usmanov, Ch. U.*: Untersuchungen der übermolekularen Struktur von Regeneratcellulose-Cordseiden. Chim. Volokna (Chem. Fasern) (1968) 4, S. 64–66; dt. in: Sowj. Beitr. Faserforsch. Textiltechnik **5** (1968) 12, S. 639–644.

[13] *Kling, W.*, *Mahl, H.*, und *Heumann, W.*: Beobachtungen an Modifierfasern. Melliand Textilber. **44** (1963) S. 335–339.

[14] *Gröbe, A.*, und *Gensrich, H. J.*: Elektronenmikroskopische Untersuchungen an Ultradünnschnitten von Celluloseregeneratfäden. Teil I: Präparationsmethoden-Faserforsch. u. Textiltechnik **20** (1969) 3, S. 118–124.

[15] Siehe in [14].
[16] *Gröbe, A.*, und *Gensrich, H. J.*: Elektronenmikroskopische Untersuchungen an Ultradünnschnitten von Celluloseregeneratfäden. Teil III: Die Struktur von Gelfäden unter variierten Fäll- und Spinnbedingungen. Faserforsch. u. Textiltechnik **21** (1970) 2, S. 67—77.
[17] *Gensrich, H. J.*, und *Gröbe, A.*: Elektronenmikroskopische Untersuchungen an Ultradünnschnitten von Celluloseregeneratfäden. Teil IV: Die Struktur von Gelfäden, ersponnen in Lösungen aus Schwefelsäure und Natriumsulfat. Faserforsch. u. Textiltechnik **21** (1970) 4, S. 163—172.
[18] *Maron, R.*: Untersuchungen über Fadenbildungsreaktionen beim Viskosespinnprozeß. Dissertation Karl-Marx-Universität Leipzig 1963.
[19] *Cumberbirch, R. J.*, und *Ford, I. E.*: The structure of high-tenacity viscose fibres. J. Textile Inst. **51** (1960) S. T132—T135.
Cumberbirch, R. J., *Ford, I. E.*, und *Gee, R. E.*: The effect of spinning conditions on the structure of viscose rayon filaments. J. Textile Inst. **52** (1961) S. T330 bis T350.
[20] *Hermans, P. H.*: Examination of rayon cross sections with the electron microscope in conjunction with supplementary light microscopic observations. Textile Res. J. **20** (1950) S. 105—108.
[21] *Coalson, R. L.*, *Day, A.*, und *Marchessault, R. H.*: The structure of cellulose gels by light scattering and thin section electron microscopy. Holzforschung **22** (1969) S. 190—198.
[22] *Götze, K.*, und *Rauch, H.*: Untersuchungen über die Struktur und den Fadenbildungsmechanismus bei Supercordreyon. Teil 1, 2 und 3. Melliand Textilber. **46** (1965) S. 488—494, 953—955; **47** (1966) S. 161 bis 166.
[23] *Preston, J. M.*: A skin effect on viscose rayon. J. Soc. chem. Ind. **50** (1931) S. T199—T204.
[24] S. [1] S. 544, S. 1241—1242.
[25] *Morehead, F. F.*, und *Sisson, W. A.*: Skin effect in viscose rayon. Textile Res. J. **15** (1945) S. 443—450.
[26] *Sisson, W. A.*: The spinning of rayon as related to its structure and properties. Textile Res. J. **30** (1960) S. 153—170.
[27] *Gröbe, A.*, und *Klare, H.*: Mikroskopische Beobachtungen beim Viskosespinnen. Jenaer Rdsch. (1961) S. 233 bis 235.
[28] *Gensrich, H. J.*, und *Gröbe, A.*: Elektronenmikroskopische Untersuchungen an Ultradünnschnitten von Celluloseregeneratfäden. Teil VI. Faserforsch. u. Textiltechnik **22** (1971) 1, in Druck.
[29] *Hagege, R.*, *Kassenbeck, P.*, *Meimoun* und *Parisot, A.*: Electron microscopy of cellulosic structures by inclusion of stainable unsaturared polymers. Textile Res. J. **39** (1969) 11, S. 1015—1022.

Eingegangen am 21. Juli 1970

Faserforschung und Textiltechnik 21 (1970) Heft 11

Zur Bestimmung der relativen Molekülmasse von Polyacrylnitril mittels Sedimentations- und Viskositätsmessungen

Karl-Joachim Linow und Burkart Philipp
Deutsche Akademie der Wissenschaften zu Berlin, Institut für Faserstoff-Forschung in Teltow-Seehof

DK 678.745.32:541.24:532.13.08:532.133.08

Es wird über die Anwendung von Sedimentations-Viskositäts-Messungen zur Bestimmung der relativen Molekülmasse von Homopolymeren des Acrylnitrils berichtet. Die erhaltenen Ergebnisse werden mit Literaturdaten verglichen, und es wird eine Eichbeziehung für viskosimetrische Messungen angegeben.

Об определении молекулярного веса полиакрилонитрила при помощи седиментации и измерения вязкости

Приведены данные о применении измерений седиментации и вязкости к определению молекулярного веса гомополимеров акрилонитрила. Полученные результаты сопоставлены с литературными данными и предложена формула для расчетного определения молекулярного веса по вискозиметрическим данным.

Determination of the Molecular Weight of Polyacrylonitrile by Sedimentation and Viscosimetry

The use of sedimentation and viscosimetric data for determining the molecular weight of polyacrylonitrile is described and the results are compared with literature values. A calibration relationship for viscosi metric measurements is reportet.

1. *Einführung*

Für die serienmäßige Bestimmung der rel. Molekülmasse von Carboketten-Polymeren steht nach wie vor die viskosimetrische Messung in verdünnter Lösung mit anschließender Umrechnung nach $[\eta] = K \cdot M^a$ im Vordergrund, wobei die systemspezifischen Konstanten K und α mit Hilfe einer Absolutmethode (Sedimentation — Diffusion, Streulichtfotometrie, Osmose) ermittelt werden müssen. Die methodische Entwicklung ist dabei gekennzeichnet durch eine Präzisierung und Rationalisierung der viskosimetrischen Meßmethodik, durch eine fundiertere Auswahl der den Eichbeziehungen zugrunde gelegten Absolutmethoden hinsichtlich des dabei erhaltenen Mittelwerts und eine kritischere Einschätzung der Zuverlässigkeit solcher Eichbeziehungen vor allem für unfraktionierte Präparate, sowie durch Bemühungen zur Verringerung des Zeitaufwandes bei den „Absolutmethoden", u. a. durch Übergang zu „Einpunktmethoden" anstelle des Durchmessens von Konzentrationsreihen und durch neuartige Kombinationen von Meßeffekten. Als Beitrag zu dieser Problematik hatten wir in früheren Arbeiten über die Ermittlung der Grenzviskosität $[\eta]_{D=0}$ aus Einpunktmessungen [1] und über eine rationelle Ermittlung der rel. Molekülmasse aus Sedimentations- und Viskositätsdaten [2] berichtet, wobei vorwiegend Cellulosederivate als Versuchsmaterial dienten. Im folgenden sollen die Anwendung dieser Verfahren auf Polyacrylnitril (PVY) in Dimethylformamid (DMF) behandelt und die dabei erhaltenen Ergebnisse mit Eichbeziehungen anderer Autoren verglichen werden.

2. *Angaben zur Versuchsmethodik*

2.1. *Probenmaterial*

Herangezogen wurden acht unfraktionierte Homopolymere des Acrylnitrils mit Grenzviskositäten zwischen 10^2 und 10^3 cm^3/g, wobei es sich bei den Proben 1 bis 4 um Suspensionspolymerisate[1]), bei 5 bis 8 um Substanzpolymerisate[1]) handelte. Als Lösungsmittel diente durch Vakuumdestillation nach vorheriger Trocknung über P_2O_5 gereinigtes DMF mit einer Viskosität $\eta_{LM} = 0{,}95$ cP bei 20°C. Zur Herstellung der Lösungen wurden entsprechende Probeneinwaagen mit der erforderlichen DMF-Menge bei 60°C während 12 h gequollen und anschließend unter mechanischem Schütteln bei Raumtemperatur behandelt.

[1]) Die Mitarbeiter des Institutes für Faserstoff-Forschung Herr Dr. *Mann* (Suspensionspolymerisate) und Herr Dr. *Herma* (Substanzpolymerisate) stellten freundlicherweise die Proben zur Verfügung. Ihnen sei an dieser Stelle dafür gedankt.

2.2. *Durchführung der Messungen*

Die Viskositätsmessungen wurden an 0,1- bis 0,7%igen Lösungen, je nach Viskositätszahl, bei 20°C ± 0,05 grd in einem *Ubbelohde*-Viskosimeter (Kapillare I) bei einem Geschwindigkeitsgradienten D_{LM} des Lösungsmittels von 2320 s^{-1} vorgenommen. Zur Aufstellung von Eichbeziehungen für die Gradientenabhängigkeit von $[\eta]$ dienten zusätzliche Messungen in einem Freiflußviskosimeter nach *Umstätter* mit variabler Druckhöhe entsprechend einer eigenen früheren Arbeit [1]. Die Bestimmung der Sedimentationskonstanten erfolgte als Einpunktmessung in 0,1- bis 0,7%iger Lösung mit einer analytischen Ultrazentrifuge (MOM, Budapest) bei ca. 58000 Umdrehungen/min unter Verwendung einer *Philpot/Svensson*-Optik bei einem Phasenwinkel von 75° mit Extrapolation der Meßwerte auf den Ort des Meniskus zur Ausschaltung der Druck- und Verdünnungseffekte, wobei hinsichtlich der Ermittlung der Sedimentationskonstanten s_c auf unsere früheren Arbeiten [2, 3] verwiesen sei.

2.3. *Ermittlung der rel. Molekülmasse aus den Meßergebnissen*

Als Grundlage diente unsere früher [2] abgeleitete Beziehung zwischen rel. Molekülmasse einerseits, Viskositäts- und Sedimentationsdaten andererseits

$$M_{s,[\eta]} = 2{,}406 \cdot 10^{25} \left(\frac{s_0 \cdot \eta_{LM}}{1 - \bar{v}\varrho}\right)^{3/2} ([\eta]_{D=0} \cdot k_{SB})^{1/2}. \quad (1)$$

Mit einem aus Auftriebsmessungen ermittelten Wert für $(1 - \bar{v}\varrho)$ von 0,266 und einer *Schulz/Blaschke*-Konstanten $k_{SB} = 0{,}26$ für die Konzentrationsabhängigkeit der reduzierten Viskosität und $\eta_{LM} = 0{,}95$cP ergibt sich hieraus

$$M_{s,[\eta]} = 8{,}281 \cdot 10^{22} \cdot s_0^{3/2} \cdot [\eta]_{D=0}^{1/2}. \quad (2)$$

Die rechnerische Extrapolation der experimentell erhaltenen spezifischen Viskosität nach $[\eta]_{D=0}$ erfolgte nach dem früher von uns beschriebenen Verfahren [1] mit Hilfe der Gleichung von *Vink* und *Lohmander* [4 bis 6]

$$\frac{1}{[\eta]_{D=D_{LM}}} = \frac{1}{[\eta]_{D=0}} (1 + B \cdot D_{LM}), \quad (3)$$

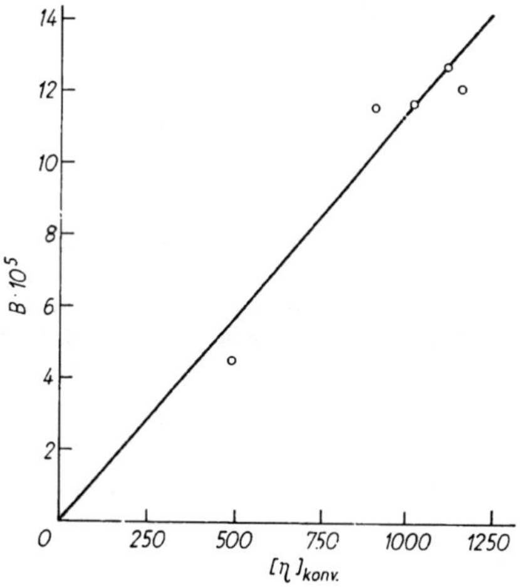

Bild 1. Einfluß des Geschwindigkeitsgefälles auf die Viskosität verdünnter Lösungen von PVY in DMF in Abhängigkeit von der im *Ubbelohde*-Viskosimeter, Kap. I, ermittelten Viskositätszahl

wobei die Abhängigkeit des Faktors B von der ohne Berücksichtigung des Schergefälleinflusses bestimmten Viskositätszahl $[\eta]_{\text{konv}}$ anhand einiger Präparate in Form einer Eichgeraden experimentell bestimmt wurde (s. Bild 1).

Zur rechnerischen Extrapolation der experimentell bei einer bekannten Konzentration c erhaltenen Sedimentationskonstanten s_c auf s_0 gingen wir von einer von uns auf halbempirischem Wege abgeleiteten Beziehung aus [7], die auf der Gleichung von *Burgers* [8] für die Konzentrationsabhängigkeit der Sedimentation einer Kugelsuspension basiert. Dabei wurde für Polymerlösungen angenommen, daß die Konstante von *Burgers* von den Knäueldimensionen abhängt, und mit Hilfe experimenteller Zahlenwerte aus der Literatur für verschiedene Polymersysteme die allgemeine Gleichung (4) erhalten:

$$s_0 = s_c \left[1 + \left(0{,}8 + \frac{18{,}7}{M_0^{1/2} K_\Theta^{1/2}}\right) \frac{[\eta]_{D=0}\, k_{SB} \cdot c}{\alpha_\eta}\right]. \quad (4)$$

Darin sind M_0 die rel. Molekülmasse der Monomereinheit, α_η der viskosimetrische Expansionsfaktor des Knäuels, und K_Θ der Proportionalitätsfaktor zwischen Grenzviskosität und rel. Molekülmasse im Thetazustand entsprechend den Beziehungen

$$\frac{[\eta]_{D=0}}{[\eta]_{\Theta,D=0}} = \alpha_\eta^3 \quad (5)$$

und

$$[\eta]_\Theta = K_\Theta M^{1/2}. \quad (6)$$

Für K_Θ wurde zunächst der von *Fritzsche* [9] aus den Messungen von *Cleland* und *Stockmayer* [10] ermittelte Wert von 0,279 zugrunde gelegt, in Auswertung eigener und anderer fremder Meßergebnisse jedoch dann ein Wert von 0,345 als zuverlässiger angesehen, wobei darauf hingewiesen sei, daß sich dieser Unterschied in K_Θ nur als Differenz von ca. 2 bis 3% in s_0 auswirkt, die damit die Fehlerbreite der experimentellen Bestimmung von s_c kaum übersteigt. Zur Ermittlung von s_0 aus s_c nach (4) bedienten wir uns eines Iterationsverfahrens, indem zunächst für α_η ein Wert von 1,5 willkürlich vorgegeben und dann mit Hilfe der Gleichungen (4), (2) und (6) nacheinander s_0, M und $[\eta]_\Theta$ der Probe errechnet wurden. Nach (5) wurde mit $[\eta]_\Theta$ ein neuer, besserer Näherungswert für α_η erhalten und mit diesem der Rechengang wiederholt. Nach drei Zyklen konnte das Iterationsverfahren abgebrochen werden, da die dann erhaltenen Werte für M sich kaum noch änderten.

3. *Meßergebnisse und ihre Auswertung*

3.1. *Darstellung der eigenen Ergebnisse*

Im Bereich der für die technische Acrylfaserherstellung interessanten Viskositätszahlen ist der Einfluß des Geschwindigkeitsgefälles auf $[\eta]$ gering, und die Differenz zwischen $[\eta]_{D=0}$ und $[\eta]_{D=2320}$ übersteigt in keinem Falle 5% des Absolutwertes. Als Beziehung der Viskosität zur rel. Molekülmasse erhalten wir aus unseren Meßwerten (Spalten 3 und 6 der Tabelle 1)

$$[\eta]_{D=0} = 1{,}055 \cdot 10^{-2}\, M^{0{,}86} \quad \text{(vgl. Bild 2).}$$

Zwischen s_0 und M ergibt sich ein Zusammenhang $s_0 = 0{,}80\, M^{0{,}38}$ (Bild 3). Als ein Hinweis auf die innere Widerspruchsfreiheit dieser Ergebnisse kann die Erfüllung der die Beziehungen

$$[\eta] = K M^\alpha \quad (7)$$

und

$$s_0 = K' M^\beta \quad (8)$$

verknüpfenden Exponentengleichung

$$\beta = \frac{2 - \alpha}{3} \quad (9)$$

angesehen werden. Mit einem experimentellen, durch Ausgleichsrechnung ermittelten Wert von $\alpha = 0{,}858$ ergibt sich nach (9) $\beta = 0{,}381$ bei einem experimentell erhaltenen Wert von $\beta = 0{,}376$. Entsprechend Bild 4 wächst $\log \alpha_\eta$ linear mit $\log [\eta]_{D=0}$, wobei sich durch Kombination von Gleichung (7) und dem Zusammenhang

$$[\eta]_{D=0} = K_\Theta \cdot M^{1/2} \cdot \alpha_\eta^3 \quad (10)$$

Tabelle 1. Ergebnisse der Viskositäts- und Sedimentationsmessung an Polyacrylnitrilproben

Probe	$[\eta]_{konv.}$ cm³/g	$[\eta]_{D=0}$ cm³/g	$s_0 \cdot 10^{13}$ ($K_\Theta = 0{,}279$)	$s_0 \cdot 10^{13}$ ($K_\Theta = 0{,}345$)	$M \cdot 10^{-4}$ ($K_\theta = 0{,}279$)	$M \cdot 10^{-4}$ ($K_\theta = 0{,}345$)	α_η ($K_\theta = 0{,}345$)
1	142,3	147,6	1,68	1,65	6,92	6,74	1,18
2	159,3	166,0	1,71	1,69	7,57	7,41	1,21
3	169,8	177,3	1,75	1,72	8,04	7,87	1,22
4	191,9	201,1	1,95	1,92	10,11	9,90	1,23
5	309,1	334,2	2,43	2,39	18,19	17,70	1,32
6	829	1008	3,57	3,52	56,1	55,03	1,58
7	1120	1445	4,65	4,58	100,0	97,74	1,62
8	1160	1513	4,76	4,68	105,7	103,04	1,63

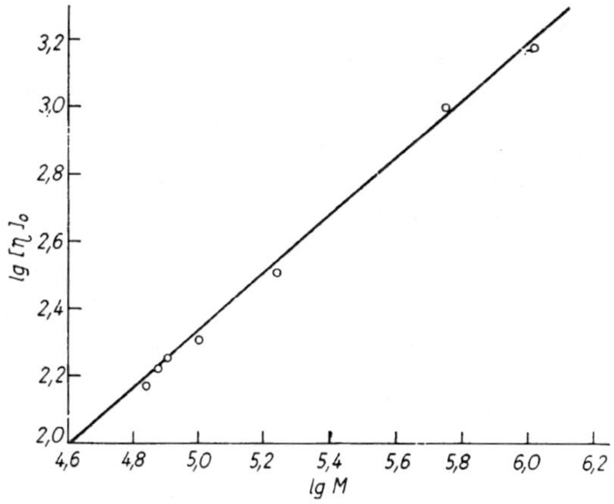

Bild 2. Abhängigkeit der Grenzviskosität von der relativen Molekülmasse für PVY/DMF bei 20 °C (Eigene Messungen)

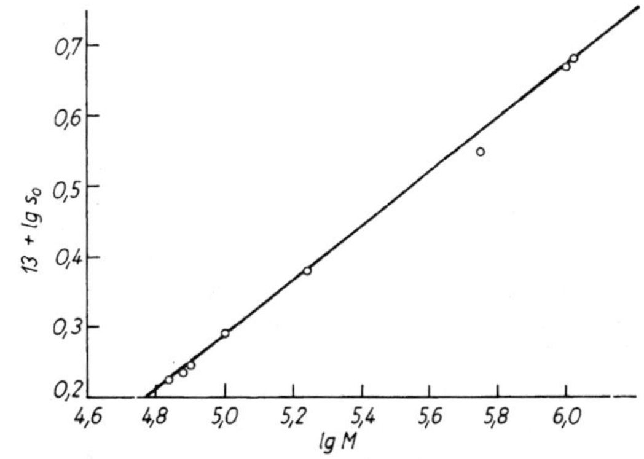

Bild 3. Abhängigkeit der Sedimentationskonstanten von der relativen Molekülmasse PVY/DMF bei 20 °C (Eigene Messungen)

eine Beziehung

$$[\eta]_{D=0} = K_{\Theta}^{\frac{2a}{2a-1}} \cdot K^{\frac{-1}{2a-1}} \cdot \alpha_{\eta}^{\frac{6a}{2a-1}} \quad (11)$$

ergibt. Hiernach müßte der Richtungsfaktor im log $[\eta]$/log α_η-Diagramm gleich $6\alpha/2\alpha - 1$ sein.

Am Bild 4 erhalten wir einen Richtungsfaktor von 7,096 entsprechend $\alpha = 0{,}866$ in guter Übereinstimmung mit dem aus Bild 2 erhaltenen Wert von 0,858.

3.2. *Vergleich mit Ergebnissen anderer Autoren*

Für die folgenden Überlegungen sollen die mittels Osmometrie durchgeführten „Eichmessungen" (Zusammenstellung vgl. [9]) außer Betracht bleiben und hier nur darauf hingewiesen werden, daß die von verschiedenen Autoren auf diesem Wege erhaltenen Werte für K und α stark streuen, was verständlich ist, da sowohl fraktionierte als auch unfraktionierte Präparate unterschiedlicher Herstellungsweise verwendet wurden und sich so die sehr unterschiedliche Mittelwertbildung bei Viskosimetrie und Osmometrie zwangsläufig in für einzelne Versuchsserien unterschiedlichen Eichkonstanten widerspiegeln muß. Da der viskosimetrische Mittelwert auch bei verhältnismäßig kleinen Werten von α nahe beim Massemittel liegt und für $\alpha \to 1$ mit diesem identisch wird (vgl. [11]), sollten vor allem für einen Vergleich beliebiger unfraktionierter Proben Eichmessungen zur Bestimmung von K und α stets mit Methoden durchgeführt werden, die ein Massemittel oder einen nur wenig darunterliegenden Mittelwert liefern (etwa im Bereich $1 > a > 0{,}8$ der Beziehung $M = \Sigma c_i M_i^a / \Sigma c_i M_i^{a-1}$). Anhand von Bild 5 sollen daher ausschließlich die auf Streulicht-, Viskositäts-, Diffusions- und Sedimentationsmessungen basierenden Viskositäts/rel. Molekülmasse-Beziehungen mit unseren Ergebnissen verglichen werden, wobei von den bisher veröffentlichten $[\eta]$-M-Beziehungen am häufigsten die auf Streulichtmessungen an nur vier fraktionierten Präparaten beruhende Beziehung von *Cleland* und *Stockmayer* [10] $[\eta] = 2{,}43 \cdot 10^{-2} M^{0,75}$ angewandt wird. Gerade diese Eichbeziehung weicht jedoch entsprechend Bild 5 signifikant von allen anderen vergleichbaren Meßergebnissen aus der Literatur ab, die

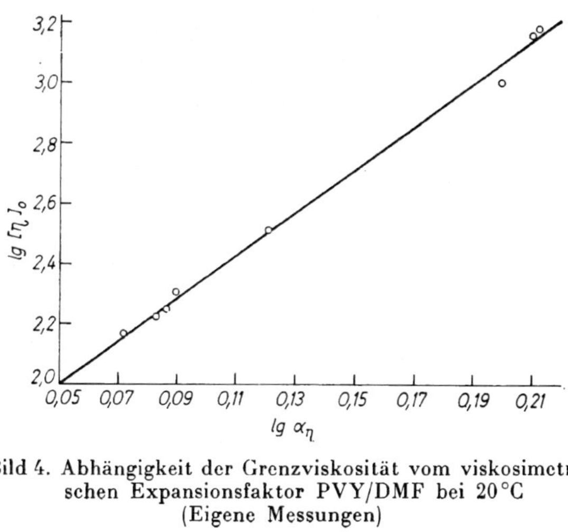

Bild 4. Abhängigkeit der Grenzviskosität vom viskosimetrischen Expansionsfaktor PVY/DMF bei 20 °C (Eigene Messungen)

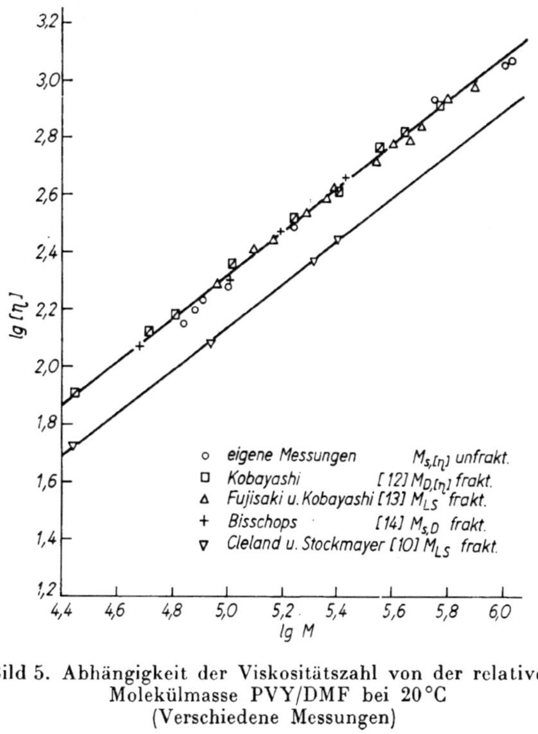

Bild 5. Abhängigkeit der Viskositätszahl von der relativen Molekülmasse PVY/DMF bei 20 °C (Verschiedene Messungen)

ihrerseits trotz unterschiedlicher Meßverfahren (Sedimentation — Diffusion, Diffusion — Viskositätsmessung, Streulichtfotometrie) recht gut durch eine einzige Eichgerade erfaßt werden können. Die bei einer Meßtemperatur von 35 °C erhaltenen Viskositätszahlen von *Kobayashi* [12] sowie von *Fujisaki* und *Kobayashi* [13] wurden dabei nach der aus eigenen Untersuchungen resultierenden Beziehung $[\eta]_{20\,°C} = 1{,}235\ [\eta]_{35\,°C}$ auf 20 °C umgerechnet. Unsere eigenen $M_{s,[\eta]}$-Werte befinden sich mit diesen Ergebnissen von *Kobayashi* [12], von *Fujisaki* und *Kobayashi* [13] sowie von *Bisschops* [14] in guter Übereinstimmung, wobei für die Auftragung in Bild 5 wie bei den anderen Autoren $[\eta]_{konv}$ und nicht $[\eta]_{D=0}$ zugrunde gelegt wurde. Die relative Standardabweichung der einzelnen Meßpunkte von der aus allen 32 Meßpunkten erhaltenen Ausgleichsgeraden $\log [\eta] = -1{,}463 + 0{,}755 \log M$ beträgt $\pm\, 8\%$ und ist in Anbetracht der vier verschiedenen Meßmethoden und der unterschiedlichen Verteilungsbreite der Präparate als recht gut zu bezeichnen. Die Eichkurve nach *Cleland* und *Stockmayer* ergibt demgegenüber bei fast gleichem Wert für α, aber stark abweichendem K um ca. 40% höhere rel. Molekülmassen. Eine Erklärung für diese Abweichung kann von uns nicht gegeben werden. Sie ist jedoch offensichtlich nicht durch die Meßmethode als solche bedingt, da sich auch *Fujisaki* und *Kobayashi* der Streulichtfotometrie bedienten. Für K_Θ ergibt sich aus den der Ausgleichsgeraden $\log [\eta] = -1{,}463 \pm 0{,}755 \log M$ zugrunde liegenden Meßpunkten aus einem *Stockmayer/Fixman*-Diagramm in der Auftragung $[\eta]/M^{1/2}$ als $f(M^{1/2})$ der schon erwähnte Wert von 0,345 gegenüber 0,279 aus den Werten von *Cleland* und *Stockmayer* sowie einzelnen Meßpunkten anderer Autoren, wie er von *Fritzsche* [9] berechnet wurde.

Eine erneute Durchrechnung unserer Meßergebnisse mit dem hier erhaltenen Wert $K_\Theta = 0{,}345$ führt zu einer noch besseren Erfassung aller Meßwerte in Bild 5 durch eine gemeinsame Eichgerade, bei der die Standardabweichung der Meßpunkte von der Geraden nur noch $\pm\, 6\%$ beträgt.

4. *Schlußfolgerungen*

Die durch Einpunktmessungen der spezifischen Viskosität und der Sedimentationskonstanten an Polyacrylnitrilproben in DMF auf Basis unserer früher veröffentlichten Viskositäts/Sedimentations-Methode erhaltenen $M_{s,[\eta]}$-Werte stimmen mit den auf anderer methodischer Basis erhaltenen Daten verschiedener Autoren überein, wobei sich aus insgesamt 32 vergleichbaren Meßwerten eine Viskositäts/rel. Molekülmasse-Beziehung entsprechend $[\eta]_{konv} = 3{,}46 \cdot 10^{-2}\, M^{0{,}755}$ $[\eta]$ in [cm³/g] im Bereich $25000 < M < 1000000$ für eine Meßtemperatur von 20 °C bei einer relativen Standardabweichung der einzelnen Meßpunkte von 6% ergibt. In dem hier betrachteten Bereich ist der Einfluß einer unterschiedlichen Verteilungsbreite und eines unterschiedlichen Schergefälles auf den Zusammenhang zwischen $[\eta]$ und M offensichtlich gering genug, um verschiedenartig hergestellte fraktionierte und unfraktionierte Proben anhand ihrer $[\eta]_{konv}$-Werte vergleichen zu können. Die oben angegebene Eichbeziehung erscheint uns auf Grund der zahlreichen, unter recht verschiedenen Bedingungen erhaltenen Meßpunkte für eine Anwendung in der Routineanalytik besser gesichert als die bisher meist benutzte, auf nur vier Meßpunkten basierende, wesentlich höhere rel. Molekülmassen ergebende Beziehung von *Cleland* und *Stockmayer*. Ihre Anwendung zur Charakterisierung technischer Polymerisate erfordert natürlich ein gewisses Umdenken bezüglich der absoluten Höhe der *DP*- bzw. *M*-Werte.

Für die sorgfältige Durchführung der Messungen und umfangreichen Berechnungen möchten wir unseren Mitarbeiterinnen Frau *E. Linow* und Fräulein *G. Räder* sowie den Lehrlingen *L. Alder*, *W. Grosse* und *M. Woggon* recht herzlich danken.

Literatur

[1] *Linow, K.-J.*, *Wulf, K.*, und *Philipp, B.*: Über die Extrapolation der Viskositätszahl von Hochpolymeren auf das Geschwindigkeitsgefälle Null. Faserforsch. u. Textiltechnik **20** (1969) S. 521—528.

[2] *Linow, K.-J.*, und *Philipp, B.*: Zur Bestimmung der relativen Molekülmasse von Hochpolymeren durch Messung von Sedimentationsgeschwindigkeit und Viskositätszahl. Faserforsch. u. Textiltechnik **19** (1968) S. 509—513.

[3] *Philipp, B.*, und *Linow, K.-J.*: Zur Deutung der „Kettenlängendifferenz" zwischen Cuoxam- und Nitrat-DP der Cellulose auf Grund absoluter Molmassebestimmungen an einigen Cellulosederivaten. Faserforsch. u. Textiltechnik **21** (1970) S. 13—20.

[4] *Vink, H.*: Degradation of cellulose and cellulosederivatives by acid hydrolysis. Makromol. Chemie **94** (1966) S. 1—14.

[5] *Lohmander, U.*, und *Strömberg, R.*: Non-Newtonian flow of dilute sodium carboxymethylcellulose solutions at different ionic strengths and of dilute solutions of cellulose nitrate and polystyrene in moderately viscous solvents studied by capillary viscometry. Experimental results. Makromol. Chemie **72** (1964) S. 143—158.

[6] *Lohmander, U.*, und *Svensson, A.*: Non-Newtonian flow of dilute ethyl acetate solutions of high molecular weight cellulose nitrate studied by capillary viscometry. Makromol. Chemie **65** (1963) S. 202—223.

[7] *Linow, K.-J.*: Methodische Untersuchungen zur Bestimmung der relativen Molekülmasse von Hochpolymeren mit der Ultrazentrifuge und ihre Anwendung zur Klärung der sogenannten „Kettenlängendifferenz" der Cellulose. Dissertation Magdeburg 1970.

[8] *Burgers, J. M.*: Hydrodynamics. On the influence of the concentration of a suspension upon the sedimentation velocity. Proc. Ned. Akad. Wet. **44** (1941) S. 1045 bis 1051, S. 1177—1184; **45** (1942) S. 9—16, S. 126 bis 128.

[9] *Fritzsche, P.*: Zum Problem der Beziehungen zwischen Grenzviskosität und relativer Molekülmasse von Polyacrylnitril. Faserforsch. u. Textiltechnik **19** (1968) S. 559—563.

[10] *Cleland, R. L.*, und *Stockmayer, W. H.*: An intrinsic viscosity-molecular weight relation for polyacrylonitrile. J. Polymer Sci. **17** (1955) S. 473—477.

[11] *Vollmert, B.*: Grundriß der Makromolekularen Chemie. Berlin/Göttingen/Heidelberg: Springer 1962, S. 285 bis 294.

[12] *Kobayashi, H.*: Molecular weight dependence of intrinsic viscosity, diffusion constant, and second virial coefficient of polyacrylonitrile. J. Polymer. Sci. **39** (1959) S. 369—388.

[13] *Fujisaki, Y.*, und *Kobayahsi, H.*: A study on polyacrylonitrile solution. II. Molecular weight dependence of intrinsic viscosity, second virial coefficient and end-to-end distance of the polymer chain. Chem. High Polymers, Japan **19** (1962) S. 73—81.

[14] *Bisschops, J.*: Viscosity, diffusion and sedimentation of polyacrylonitrile solutions. J. Polymer Sci. **17** (1955) S. 81—88.

Eingegangen am 13. Juli 1970

Numerische Differentiation von Versuchskurven

Vladimir Pechoč
Forschungsinstitut für Chemiefasern in Svit, ČSSR

DK 518.43:513.61:681.322-34/-38

Zur Gewinnung der ersten und zweiten Ableitungen sowie zur Bestimmung der Koordinaten der Wendepunkte von experimentell ermittelten Kurven wird eine Art numerischer Differentiation angeführt, bei der gleichzeitig ein Ausgleich der Versuchswerte mit Hilfe der Methode der kleinsten Quadrate durchgeführt wird. Als Ergebnis der Differentiation, die vorteilhaft mit Hilfe eines elektronischen Digitalrechners durchgeführt wird, ergeben sich die Werte der ersten und zweiten Ableitungen in allen Versuchspunkten und die Koordinaten aller Wendepunkte der Ausgangskurve.

Цифровое дифференцирование экспериментальных кривых

Для получения первой и второй производных, а также определения координат точек перегиба экспериментальных кривых предложен метод цифрового дифференцирования с одновременным выравниванием экспериментальных данных методом наименьших квадратов. В результате проведения дифференцирования — наиболее удобно при помощи цифровой электронной вычислительной машины — получаются значения первой и второй производных для всех экспериментальных точек и координаты всех точек перегиба исходной кривой.

Numerical Differentiation of Experimental Plots

For obtaining the first and second derivative and determining the coordinates of the points of inflection of experimental plots a numerical differentiation method is described allowing simultaneously to equalize the experimental data by the mean square method. The differentiation, being advantageously performed by a digital computer, results in values of the first and second derivative in all experimental points and the coordinates of all the points of inflection of the initial plot.

1. Einführung

Die experimentell bestimmten Abhängigkeiten müssen häufig differenziert werden, um so aus den gemessenen Integralkurven $y = f(x)$ die Differentialkurven $dy/dx = f(x)$ oder $d^2y/dx^2 = f(x)$ zu gewinnen. Aus den Differentialkurven läßt sich oft der Verlauf der verfolgten Abhängigkeit anschaulicher und genauer beurteilen, als es aus den gemessenen Integralkurven möglich wäre; vor allem läßt sich leicht der Wendepunkt der Ausgangskurve bestimmen, der bei der Verfolgung der Abhängigkeit gewöhnlich von grundsätzlicher Bedeutung ist.

Die Versuchsabhängigkeiten können grafisch oder numerisch differenziert werden. Eine genaue Konstruktion der Differentialkurve auf grafischem Wege ist von der Übung und Geschicklichkeit des Ausführenden abhängig, verlangt viel Praxis, und besonders in solchen Fällen, in denen die Abhängigkeit gering ist, kann das Ergebnis mit einem bedeutenden Fehler behaftet werden. Die Unsicherheit der Konstruktion wird noch durch die Streuung der Versuchspunkte als Folge von Meßfehlern erhöht. In solchen Fällen ist es vorteilhaft, die numerische Differentiation zu benützen, bei der es gleichzeitig zu einem Ausgleich mittels der Methode der kleinsten Quadrate kommt und die vor allem zur Erleichterung der Arbeit bei der Auswertung einer größeren Menge von Daten bei Serienanalysen mit Hilfe eines Digitalrechners geeignet ist.

2. Theoretisches

Das Prinzip der Methode besteht darin, daß man für kurze Abschnitte der zu differenzierenden Kurve ein geeignetes Interpolationspolynom findet und den Differentialquotienten für diese interpolierte Form der Abhängigkeit berechnet. Bei Kurven mit einem oder mehreren Wendepunkten ist es zweckmäßig, ein Polynom dritten Grades zu benutzen. Die gemessene Abhängigkeit wird abschnittsweise mit einem Polynom dritten Grades unter Benützung von fünf Versuchspunkten ausgedrückt. Das Polynom wird mit Hilfe dieser fünf Punkte so berechnet, daß es die Bedingung der kleinsten Summe der Quadrate der Abweichungen der Versuchs- von den berechneten Funktionswerten erfüllt.

Soweit die Messung bei äquidistanten Werten der unabhängigen Veränderlichen x durchgeführt wurde, die sich um eine Differenz h unterschieden, ist die Form dieses Polynoms [1, 2]

$$y = A + \frac{1}{12} BX + \frac{1}{14} CX^2 + \frac{1}{12} DX^3, \tag{1}$$

wo die Veränderliche X als

$$X = (x - \bar{x})/h \tag{2}$$

und die Konstanten A bis D durch Gleichungen

$$A = \bar{y} - C/7, \tag{3}$$

$$B = y_1 - 8y_2 + 8y_4 - y_5, \tag{4}$$

$$C = 2y_1 - y_2 - 2y_3 - y_4 + 2y_5, \tag{5}$$

$$D = -y_1 + 2y_2 - 2y_4 + y_5 \tag{6}$$

definiert werden.

Die Größen $\bar{x}$ und $\bar{y}$ in den Gleichungen (2) und (6) sind die Durchschnittswerte der Koordinaten x und y der fünf benutzten Punkte. Die Zahlenindizes bei den Funktionswerten y beziehen sich auf die einzelnen Punkte, nach den steigenden Werten x eingereiht.

Nach der Definition von X (Gleichung 2) gilt die Gleichung (1) für $-2 \leqq X \leqq 2$. Im Punkte $X = 0$ gilt verständlicherweise

$$y = A, \tag{7}$$

$$Y' \equiv y'h = B/12, \tag{8}$$

$$Y'' \equiv y''h^2 = C/7. \tag{9}$$

Bei der Berechnung wird so verfahren, daß aus den fünf ersten Versuchspunkten (wobei alle Versuchspunkte nach den steigenden Werten x eingereiht sind) x_1 bis x_5 das Polynom (1) gebildet wird, und es wird der Wert $y_{3,b}$ für den Punkt (x_3, y_3) nach der Formel (7) berechnet; das gleiche wird dann mit den Punkten x_2 bis x_6 für Punkt x_4, x_3 bis x_7 für Punkt x_5 usw. wiederholt, bis man den Punkt x_{N-2} erreicht, wo N die Anzahl der Meßpunkte bedeutet. Für die ersten und letzten zwei Punkte werden die Funktionswerte y durch Einsatz des zugehörigen Wertes X (d. h. -2, -1, 1 oder 2) in die mit Hilfe der ersten oder letzten fünf Punkte gebildete Gleichung (1) berechnet.

Da die fünf Versuchspunkte immer durch eine Parabel dritten Grades analytisch dargestellt werden, wird auf diese Weise eine Kurve erhalten, die sich nur sehr wenig von der Ausgangskurve unterscheidet und in der noch in bedeutendem Maße auch die Ungleichmäßigkeiten der Versuchskurve erhalten blieben, die durch Meßfehler verursacht wurden. Wenn vorausgesetzt werden darf, daß die verfolgte Abhängigkeit einen glatten Verlauf hat, kann man diese Ungleichmäßigkeiten durch mehrfaches Ausgleichen beseitigen, d. h. unter Wiederholung des beschriebenen Vorganges unter Benützung der berechneten Funktionswerte y_b. Bei diesem Vorgang ist es notwendig zu beurteilen, ob es sich um Ungleichmäßigkeiten handelt, die durch Meßfehler verursacht worden sind, oder ob es um den wirklichen Charakter der gemessenen Abhängigkeit geht, der sich dann beim vielfachen Ausgleich verändern würde. *Hershey* [1] führt an, daß ein vierfacher Ausgleich auch grobe Versuchsfehler ohne Veränderung des wirklichen Funktionscharakters auszugleichen ermöglicht. Bei der Verarbeitung genügend genauer Daten genügen gewöhnlich ein, höchstens zwei Ausgleiche.

Nach dem Ausgleich der Ausgangskurve werden nach den Gleichungen (8) und (9) die ersten und zweiten Differentialquotienten y' und y'' berechnet. Für Punkte am Rande der Meßreihe werden diese Werte abermals durch Einsatz der zugehörigen Werte X in die erste bzw. zweite Ableitung der Gleichung (1) berechnet. Dabei ist es notwendig zu beachten, daß die Differentialquotienten in diesen Punkten mit einem mehrfachen Fehler gegenüber den anderen Werten behaftet sein können.

Das Auftreten eines Wendepunktes auf der Kurve wird durch Änderung des Vorzeichens des zweiten Differentialquotientes festgestellt. Sein Abszissenwert X_w wird aus der Bedingung $y'' = 0$ aus der zweiten Ableitung der Gleichung (1) berechnet:

$$X_w = -2C/7D. \tag{10}$$

Der entsprechende Funktionswert y_w des Wendepunktes wird durch Einsatz von X_w in die Gleichung (1) berechnet. Der wirkliche, nicht umgeformte Abszissenwert x_w ist nach der Definition von X (Gleichung 2) durch die Gleichung

$$x_w = X_w h + \bar{x}_n \tag{11}$$

gegeben, in der $\bar{x}_n$ der Mittelwert der Abszissenwerte im Intervall ist, für das das Polynom gebildet wurde und n dem der Wendepunkt liegt. Zur Berechnung des Wendepunktes wird das Intervall benützt, in dem $|X_w| < 0{,}5$ ist.

Die angeführte Methode der numerischen Ableitung ist nicht geeignet, eine Ungleichmäßigkeit der Kurve auf sehr kurzen Abschnitten festzustellen. Falls es auf der Kurve zum Auftreten von zwei Wendepunkten im Umfang eines Schrittes h kommt, ändert sich das Vorzeichen der zweiten Ableitung in den Punkten x und $(x + h)$ am Rande dieses Intervalls nicht und es wird kein Wendepunkt festgestellt. Dabei kann es aber zur Änderung des monotonen Verlaufs der ersten Ableitung kommen, aus der sich auf das Auftreten von Wendepunkten schließen ließe. Ein solcher Fall kommt aber nur selten vor, und normalerweise handelt es sich bei der Änderung des monotonen Verlaufs der ersten Ableitung ohne Vorzeichenwechsel der zweiten Ableitung um Meßfehler und nicht um den wirklichen Verlauf der Abhängigkeit. Im anderen Falle wäre es nötig, eine entsprechend feinere Teilung zu wählen, d. h. die Berechnung mit einem kleineren Schritt h zu wiederholen.

Für die beschriebenen Berechnungen wurde ein Rechenprogramm für den Digitalrechner National Elliot 803 B ausgearbeitet. Als die Eingabe der Berechnung werden die Anzahl der gemessenen Punkte, der Anfangswert der unabhängigen Veränderlichen x, der Meßschritt h, die gewählte Anzahl der Ausgleichszyklen und die gemessenen Funktionswerte y_1 bis y_N angeführt. Das Ergebnis der Berechnung wird so gedruckt, daß in jeder Zeile die Werte x, y, y_b, y' und y'' für einen Punkt angeführt sind. Tritt in der Kurve ein Wendepunkt auf, werden seine Koordinaten x_w und y_w sowie die erste Ableitung der Kurve im Punkte x_w in eine besondere Zeile ausgedruckt.

3. *Beispiele*

Beispiel 1. Bei der thermogravimetrischen Analyse wird die Kurve der Abhängigkeit der Masse m des Musters von der Zeit t registriert. Zur Beurteilung der Geschwindigkeit der Massenveränderungen ist die Differentialkurve $dm/dt = f(t)$ am besten geeignet.

Die aus der gewonnenen integralen Kurve [3] abgelesenen Punkte sind in den ersten zwei Kolonnen der Tabelle 1 angeführt. Mit Hilfe dieser Punkte wurde die Differentialkurve unter Benutzung von einem, zwei und vier Ausgleichen berechnet. Die einmal ausgeglichenen Funktionswerte $m_{b,1}$ und die ersten und zweiten Differentialquotienten $m_1' = (dm/dt)_1$ und $m_1'' = (d^2m/dt^2)_1$ sind in den Kolonnen 3 bis 5 angeführt. In den Kolonnen 6 und 7 sind die Werte $m_{b,2}$ und m_2', in den Kolonnen 8 und 9 die Werte $m_{b,4}$ und m'_4 angeführt, die mit Hilfe von zwei und vier Ausgleichen gewonnen worden sind.

Die Integral- und Differentialkurven sind auf den Bildern 1 bis 3 veranschaulicht. Sowohl aus der Tabelle wie auch aus der graphischen Darstellung kann man beobachten, daß auf der Integralkurve ein ganz markanter Wendepunkt auftritt, der sich durch Änderung des Vorzeichens des zweiten Differentialquotienten anzeigt, und außerdem zwei Schwankungen, eine im Bereich der Zeit $t = 104$ bis 106 s, die andere im Bereich $t = 116$ bis 118 s, bei denen es wohl zu Richtungswechseln des Verlaufs der ersten Ableitung kommt, nicht aber zur Änderung des Vorzeichens der zweiten

Tabelle 1. Die numerische Differentiation der Kurve der thermogravimetrischen Analyse unter Benutzung von einer, zweier und vierer Ausgleichungen

t min	m mg	$m_{b\,1}$ mg	$(dm/dt)_1$ mg/min	$(d^2m/dt^2)_1$ mg/min^2	$m_{b,2}$ mg	$(dm/dt)_2$ mg/min	$m_{b,4}$ mg	$(dm/dt)_4$ mg/min
96	150,50	150,52	−0,374	−0,00536	150,51	−0,328	150,50	−0,240
98	149,75	149,68	−0,510	−0,130	149,70	−0,524	149,73	−0,551
100	148,20	148,31	−0,896	−0,255	148,28	−0,926	148,23	−0,972
102	146,00	145,83	−1,535	−0,311	145,77	−1,588	145,75	−1,518
104	142,00	142,00	−2,315	−0,254	142,10	−2,118	142,17	−2,086
106	137,00	137,34	−2,458	−0,348	137,34	−2,647	137,31	−2,786
108	131,75	131,21	−3,490	−0,429	131,07	−3,597	130,82	−3,669
110	123,00	123,04	−4,729	−0,161	122,90	−4,479	122,80	−4,279
112	113,75	113,94	−4,240	0,339	114,16	−4,216	114,39	−4,069
	110,47	120,82	−4,767	infl.	120,77	−4,506	120,80	−4,298
114	106,50	106,67	−3,000	0,420	106,80	−3,084	107,05	−3,234
116	101,50	101,41	−2,271	0,196	101,35	−2,381	101,29	−2,518
118	97,00	96,83	−2,333	0,0804	96,73	−2,269	96,58	−2,218
120	92,25	92,34	−2,183	0,171	92,36	−2,109	92,36	−2,012
122	88,50	88,56	−1,571	0,238	88,64	−1,610	88,72	−1,632
124	85,90	85,89	−1,110	0,161	85,86	−1,157	85,88	−1,202
126	83,90	83,82	−0,954	0,114	83,82	−0,904	83,80	−0,895
128	82,10	82,22	−0,710	0,0786	82,21	−0,723	82,20	−0,716
130	81,00	80,89	−0,569	0,0518	80,90	−0,595	80,89	−0,609
132	79,75	79,79	−0,575	0,0268	79,76	−0,544	79,75	−0,535
134	78,75	78,72	−0,484	0,0643	78,75	−0,465	78,75	−0,461
136	77,90	77,91	−0,318	0,102	77,90	−0,378	77,90	−0,393

Ableitung. Mehrfache Ausgleiche beseitigen diese kurzen Unregelmäßigkeiten und ergeben eine glatte Integral- und Differentialkurve.

Hier ist es notwendig zu beurteilen, ob es vielleicht zu einer Schwankung der Versuchskurve durch irgendwelche Störeinflüsse während der Messung gekommen ist, oder ob es sich um den wirklichen Verlauf der Abhängigkeit handeln könnte. Danach muß entschieden werden, ob zweckmäßig mehrere Ausgleiche oder eine feinere Teilung der Versuchskurve zu benutzen sind. Die Grundform der Integral- sowie der Differentialkurve wurde aber selbst bei vierfachem Ausgleich nicht verändert, es verschwanden lediglich ihre lokalen Ungleichmäßigkeiten.

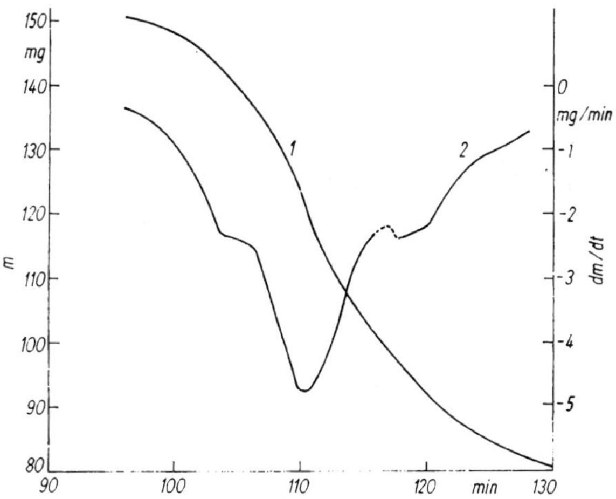

Bild 1. Abhängigkeit der Masse m der Versuchsprobe von der Zeit t bei der thermogravimetrischen Analyse (Kurve 1) und die erste Ableitung dieser Kurve nach einmaligem Ausgleich

Beispiel 2. Bei der Fraktionierung von Polyäthylenterephthalat (PÄT) wurde eine integrale Verteilungskurve der rel. Molekülmassen $I(P) = f(P)$ erhalten [4].

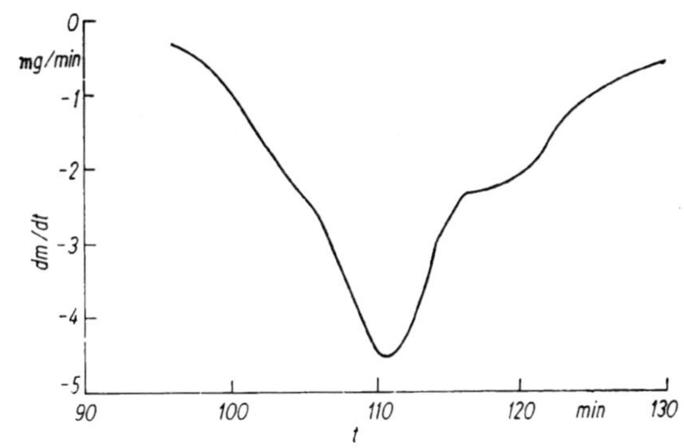

Bild 2. Die erste Ableitung der zweimal ausgeglichenen Kurve 1 vom Bild 1

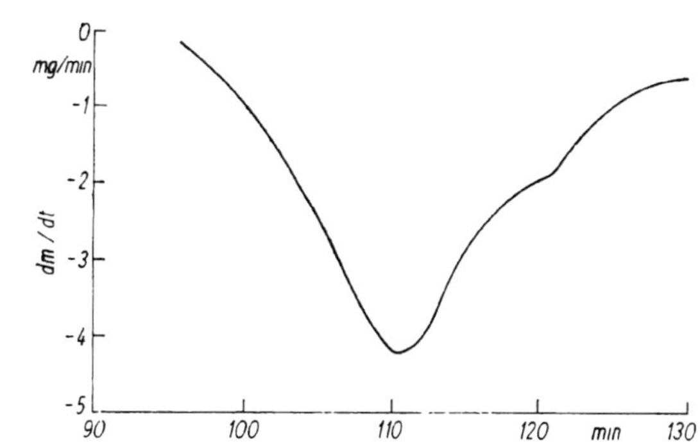

Bild 3. Die erste Ableitung der Kurve 1 vom Bild 1 nach viermaligem Ausgleich

Die aus dieser Kurve abgelesenen Punkte und die dazugehörigen ersten und zweiten Differentialquotienten, gewonnen durch die beschriebene numerische Differentiation mit Benutzung eines Ausgleichs der integralen Kurve, sind in der Tabelle 2 angeführt und die Integral- sowie die Differentialkurve auf Bild 4 veranschaulicht. In Tabelle 2 sind zum Vergleich auch die Differentialquotienten angeführt, die in der Arbeit [4] mit einer anderen Methode der numerischen Differentiation gewonnen wurden. Es ist verständlich, daß bei geeigneter und glatter Einzeichnung der integralen Kurve in die Meßpunkte mit beiden Methoden sehr weit angenäherte Ergebnisse erhalten werden, wobei sich Unterschiede vor allem bei Werten zeigen, die in der Arbeit [4] nach *Stirlings* Interpolationsformel berechnet wurden. Bei der Verarbeitung von Daten, die durch graphische Kurveneinziehung unausgeglichen und mit Meßfehlern behaftet sind, eventuell auch bei weniger genauerem Ablesen der Funktionswerte aus der Ausgangskurve, könnten aber ohne Ausgleich der Meßwerte unterschiedliche Ergebnisse gewonnen werden, und nicht selten kann es sogar zur Bildung falscher Wendepunkte kommen.

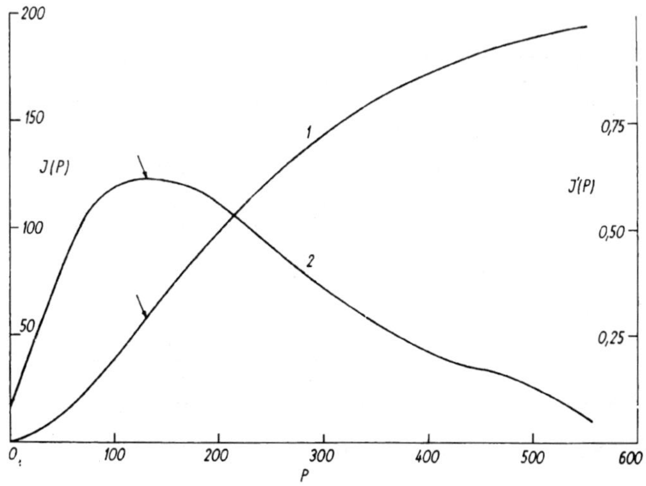

Bild 4. Die Verteilungskurve der rel. Molekülmasse von PÄT [4] (Kurve 1) und ihre erste Ableitung (Kurve 2)

4. *Zusammenfassung*

Die in dieser Arbeit angeführte Methode der numerischen Ableitung ermöglicht es, den Verlauf der Differentialkurven $dy/dx = f(x)$ und $d^2y/dx^2 = f(x)$ durch Verarbeitung von Meßdaten nach der Ausgleichsmethode der kleinsten Quadrate mittels eines Digitalrechners zu gewinnen und die Koordinaten des Wendepunktes genau zu bestimmen. Zur Erleichterung der Wahl der geeigneten Anzahl der Ausgleichzyklen ist das Rechenprogramm so aufgebaut, daß man bei der Berechnung der Differentialkurve mehrere Ausgleichzyklen benutzen kann; so kann man aus den Ausgangsdaten in einem Rechenzyklus z. B. drei Differentialkurven bekommen, jede mit einer anderen Anzahl von Ausgleichen berechnet. Aus dem Verlauf dieser Kurven kann man dann die beste als das Ergebnis der Berechnung nehmen.

Tabelle 2. Numerische Differentiation einer Verteilungskurve der rel. Molekülmasse von Polyäthylenterephthalat [4]

P	$I(P)$	$I(P)_b$	$I'(P)$	$10^3 \cdot I''(P)$	$I'(P)$ nach [4]
0	0	0,043	0,0986	5,829	
25	4,5	4,329	0,244	5,829	
50	12,0	12,26	0,390	5,829	
75	24,0	24,17	0,557	3,886	0,550
100	39,0	38,55	0,596	1,577	0,598
125	53,5	53,83	0,605	0,183	0,607
150	69,2	68,96	0,615	−0,160	0,608
146,43		66,76	0,61495	infl.	
175	84,0	84,15	0,589	−1,097	0,591
200	98,6	98,55	0,565	−1,646	0,553
225	112,0	111,88	0,502	−1,920	0,505
250	123,8	124,02	0,462	−2,149	0,453
275	135,0	134,67	0,402	−1,784	0,403
300	144,0	144,32	0,358	−1,691	0,365
325	153,0	152,83	0,333	−1,486	0,330
350	160,5	160,50	0,277	−1,600	0,289
375	167,0	167,13	0,252	−1,486	0,249
400	173,0	172,75	0,207	−1,074	0,217
425	177,5	177,79	0,187	−0,914	0,187
450	182,4	182,18	0,175	−0,571	0,169
475	186,2	186,36	0,151	−0,869	0,153
500	190,0	189,94	0,139	−0,960	
525	193,0	193,04	0,106	−1,680	
550	195,1	195,09	0,055	−2,400	

Eine direkte Verarbeitung der Meßdaten ist an die Forderung der äquidistanten Werte der unabhängig Veränderlichen x gebunden. Anderenfalls ist es notwendig, die Meßwerte in Millimeterpapier einzutragen und in diese Punkte eine möglichst glatte Mittelwertkurve einzuziehen. Von dieser Kurve werden dann die Funktionswerte für äquidistante Abszissenwerte bestimmt, und die Kurve kann nach dem beschriebenen Vorgehen numerisch differenziert werden. In diesem Falle kommt es allerdings zum ersten Ausgleich der Meßwerte nach Augenschein (grafisch).

Die angeführte Methode der numerischen Differentiation ist schwieriger und mühsamer als einige andere einfachere Methoden (z. B. [4]), sie gibt aber mehr und genauere Informationen über den Verlauf der verfolgten Funktion, gleicht die Meßfehler aus und läßt sich unter Anwendung eines Digitalrechners vorteilhaft bei minimalen Ansprüchen an die Berechnungsdauer und besonders bei größerem Umfang der Versuchsdaten verwenden.

5. *Literatur*

[1] *Whitaker, S.*, und *Pigford, R. L.:* Numerical differentiation of experimental data. Ind. engng. Chem. **52** (1960) S. 185—187.

[2] *Hershey, H. C.*, *Zakin, J. L.*, und *Simha, R.:* Numerical differentiation of equally spaced and not equally spaced experimental data. IEC. Ind. engng. Chem./Fundamentals **6** (1967) S. 413—421.

[3] *Šimo, R.:* Private Mitteilung, Faserforschungsinstitut in Svit.

[4] *Teichgräber, M.:* Numerische Differentiation von Molekulargewichtsverteilungskurven. Faserforsch. u. Textiltechnik **19** (1968) S. 249—252.

Eingegangen am 9. Juli 1970

18. und 19. Mitteilung des FA Textilterminologie der Kammer der Technik

DK 001.4:003.62:677-4

FA Textilterminologie der Kammer der Technik	**Anhängekurzzeichen für Fadenformen**	18. Mitteilung Mai 1970

Der FA Textilterminologie hat die nachstehenden Festlegungen bestätigt und zum Veröffentlichen freigegeben. Ihre Verwendung im wissenschaftlichen und technischen Schrifttum sowie in Standards wird empfohlen.

1. Anhängekurzzeichen

Zur Kurzbezeichnung verschiedener Fadenformen in Verbindung mit den Kurzzeichen für Faserstoffart, Faserstoffform u. a. werden folgende Anhängekurzzeichen festgelegt:

Garn —G
Seide —S
Zwirn —Z
Faden —N

Diese Anhängekurzzeichen sind als selbständige Abkürzungen ungeeignet.

2. Anwendung

Bei der Kurzbezeichnung von Garnen ist das Einfügen des Anhängekurzzeichens „—F" für Faser nicht erforderlich, weil Garne unmittelbar aus Fasern bestehen.

Beispiele

Garn aus Baumwolle bzw. Baumwollgarn: Bw—G
Garn aus Viskosefasern bzw. Viskosegarn: VI—G

Bei der Kurzbezeichnung von Zwirnen aus Chemie- und Raupenfaserstoffen ist das Anhängekurzzeichen für die Ausgangsfadenform notwendig. Bei Zwirnen aus Naturfasern kann es entfallen.

Beispiele

Zwirn aus Polyamidgarn bzw. Polyamidfaserzwirn: PA—G—Z
Zwirn aus Polyamidseide bzw. Polyamidseidenzwirn: PA—S—Z
Zwirn aus Baumwollgarn bzw. Baumwollzwirn: Bw—Z

DK 001.4:003.62:667-418

FA Textilterminologie der Kammer der Technik	**Foliefäden** *Begriffe* *Anhängekurzzeichen*	19. Mitteilung Mai 1970

Der FA Textilterminologie hat die nachstehenden Festlegungen bestätigt und zum Veröffentlichen freigegeben. Ihre Anwendung im gesamten wissenschaftlichen und technischen Sprachgebrauch sowie im Schrifttum und in Standards wird empfohlen.

Benennung	Erläuterung	Anhängekurzzeichen
Foliefaden	Faden aus einem oder mehreren durch Schneiden einer Folie[1]) gebildeten, auch faser- oder elementarfadenförmig aufgespalteten Streifen ohne oder mit Drehung	—O—N
Foliefäden aus ungespaltenen Streifen		
Folieflachfaden	Foliefaden aus einem ungespaltenen Streifen ohne Drehung	—O—N—fl
Folierundfaden	Foliefaden aus einem oder mehreren ungespalteten Streifen mit Drehung	—O—N—rd
Foliefäden aus gespalteten Streifen		
Folieseide	Foliefaden aus einem oder mehreren elementarfadenförmig aufgespalteten Streifen ohne oder mit Drehung	—O—S
Foliegarn	Foliefaden aus einem oder mehreren faserförmig, auch netzartig aufgespalteten Streifen mit oder ohne Drehung	—O—G

Beispiel für Kurzbezeichnung
PT—O—N—fl
Folieflachfaden aus Polyäthylen (PT)

[1]) Folie (Anhängekurzzeichen: —O) im Sinne dieser Erläuterung ist ein dünnes, sich selbst tragendes, biegsames, flächenförmiges Gebilde.

Kurze Mitteilungen[1]

Differentialanalytische und thermogravimetrische Analyse der Polyesterfaser „YAMBOLEN“

DK 677.494.674'524'420:543.226/.227:[536.495:542.92]:542.929.4:539.26

In dieser Arbeit wird die bulgarische Polyesterfaser YAMBOLEN als Wolltyp und als Baumwolltyp differentialthermoanalytischen (DTA) und thermogravimetrischen (TG) Untersuchungen unterzogen. Diese Verfahren können zur Charakterisierung der Kristallisationsprozesse, des Schmelzens sowie des oxydativen und thermischen Abbaus von Polyäthylenterephthalat [1 bis 5] benutzt werden.

Bekanntlich wird die Herstellung der Polyesterfasern, beginnend mit der Faserbildung und endend mit der Verpackung der fertigen Produkte, in den Temperaturgrenzen von 303 bis 573 °K durchgeführt. Die Daten der DTA und TG können für die richtige Wahl und Begründung der optimalen Temperaturen der einzelnen Verarbeitungs- und Veredlungsoperationen herangezogen werden. Die erzielten Ergebnisse sind außerdem Gegenstand interessanter Diskussionen über den Charakter der strukturellen Änderungen in der YAMBOLEN-Faser und stellen eine wertvolle Ergänzung zu deren Charakteristik dar. Zum Vergleich wurden die Derivatogramme von Polyestergranulaten des Baumwolltyps ($MG = 27000$) und des Wolltyps ($MG = 24000$) unter identischen Bedingungen aufgenommen.

Die Untersuchungen wurden mit einem Derivatographen des Typs OD-102 durchgeführt. Zur Aufnahme des Untersuchungsmaterials und des Inertstoffes wurden zwei Platintiegel von der Form eines geschnittenen Kegels mit folgenden Abmessungen verwendet: Durchmesser 12,5 und 10,0 mm, Höhe 15,5 mm. Die Fasern wurden in Stückchen mit einer Länge von 0,5 bis 1,0 cm geschnitten. Die Granulate wiesen einen Durchmesser von 1 bis 2 mm auf.

[1]) Die „Kurzen Mitteilungen“ erscheinen unter alleiniger Verantwortung der Verfasser.

Für die Produktion des Staatlichen Chemischen Kombinats für Polyesterfasern „Dimitar Dimov“ Yambol typische Fasern wurden in der Reihenfolge ihrer technischen Herstellung untersucht:

Wolltyp — 5/3 — 85/89 — 3 den,
Baumwolltyp — 6/1 — 80/82 — 1,5 den,
ungereckt, gereckt, in gespanntem Zustand fixiert, aviviert, gaufriert und geschnitten.

Die Probenmasse betrug 501 mg ± 0,1 mg für die Granulate und 660 mg ± 0,2 mg für die Fasern. Als Inertstoff wurde TEFLON-Granulat von ca. 1 mm Durchmesser benutzt. Die mittlere Aufheizgeschwindigkeit betrug 3 grd/min. Die Ofenatmosphäre bestand aus Luft und Stickstoff unter statischen Bedingungen.

Bei den Untersuchungen wurde festgestellt, daß die beiden Typen des Polyestergranulats YAMBOLEN mit unterschiedlicher rel. Molekülmasse, von denen für die Erzeugung der Baumwoll- bzw. Wollfasertypen ausgegangen wird, Unterschiede in den Derivatogrammen (Bild 1) aufweisen. Die im Verlauf der DTA-Kurve im Intervall 325 bis 345 °K registrierte Reflexion entspricht der Glasumwandlungstemperatur, was in guter Übereinstimmung mit den Daten für reines PÄT [1] steht. Der exotherme Effekt im Intervall 385 bis 445 °K wird auf die sog. „kalte“ Kristallisation zurückgeführt. Es ist interessant, daß bei dem Granulat des Baumwolltyps ein kleiner Peak der DTA-Kurve bei 468 °K wahrgenommen wird, während ein solcher beim Wolltyp nicht festzustellen ist. Das in Frage stehende Maximum ent

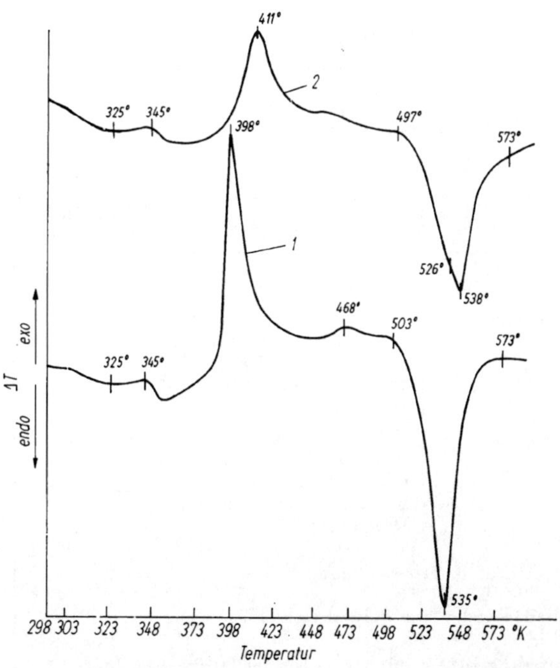

Bild 1. Derivatogramm von YAMBOLEN-Polyestergranulat
1 Baumwolltyp MG = 27000
2 Wolltyp MG = 24000

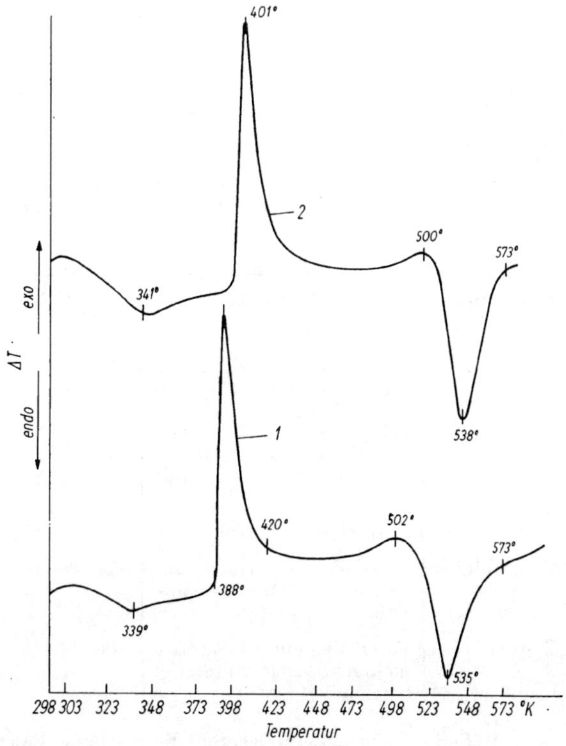

Bild 2. Derivatogramm von ungereckten YAMBOLEN-Fasern
1 Baumwolltyp
2 Wolltyp

spricht unserer Ansicht nach der von *Ke* [1] beschriebenen Kristallisation vor dem Schmelzen. Das endotherme Minimum im Temperaturintervall 503 bis 573°K ist auf das Schmelzen des PÄT zurückzuführen. Als Schmelzpunkt werden entsprechend 538°K für das Granulat des Wolltyps und 536°K für das Granulat des Baumwolltyps ermittelt. Die DTA-Kurve für das Granulat des Wolltyps weist eine Reflexion bei 526°K auf, die ein Hinweis für einen parallel verlaufenden exothermen Prozeß [7] ist. Die thermogravimetrischen Kurven lassen eine ununterbrochene Masseverminderung erkennen, die bei 537°K beim Wolltyp 0,5% und beim Baumwolltyp 0,8% erreicht. Die Masseverminderung bis 398°K ist wahrscheinlich auf die adsorbierte Feuchte zurückzuführen. Bei weiterer Temperaturerhöhung verlaufen oxydative Abbauprozesse. Das Granulat des Wolltyps behält seine Masse im Intervall 411 bis 531°K konstant bei, folglich ist es thermostabiler als das Granulat des Baumwolltyps.

Besonderes Interesse besitzen die Derivatogramme von ungereckten Fasern (Bild 2). Der auf die sog. „kalte" Kristallisation zurückzuführende exotherme Effekt ist sehr deutlich ausgeprägt. Dies ist durch den niedrigen Kristallisationsgrad der ungereckten Faser zu erklären. Die Temperaturintervalle der Kristallisation sind 390 bis 425°K für die Fasern des Wolltpys und 388 bis 420°K für die Fasern des Baumwolltyps. Aus den entsprechenden TG-Kurven kann man schließen, daß bei 475°K für den Baumwolltyp und schon bei 383°K für den Wolltyp ein thermooxydativer Abbau der Faser, begleitet von der Abscheidung niedermolekularer Produkte, beginnt. Aus dem Vergleich dieser Kurven mit denjenigen der entsprechenden Granulate (Bild 1) ist ersichtlich, daß beim einmaligen Schmelzen der Granulate wesentliche Veränderungen eintreten. Aus den bei der thermogravimetrischen Analyse erhaltenen Ergebnissen können wir schließen, daß aus dem thermisch stabileren Granulat des Wolltyps thermisch instabilere Fasern geformt wurden. Die endothermen Peaks — 535°K für den Baumwolltyp und 538°K für den Wolltyp — entsprechen den Schmelzpunkten für die beiden Fasertypen. Der Unterschied ist wahrscheinlich durch den Charakter und die Anordnung der Aufbauelemente in der kristallinen Struktur bedingt. Diese Tatsache fällt auch bei den DTA-Kurven der Fasern nach zusätzlichen Operationen wie Recken, Fixieren, Avivieren, Gaufrieren und Schneiden (Bilder 3 und 4) auf. Es ist zu

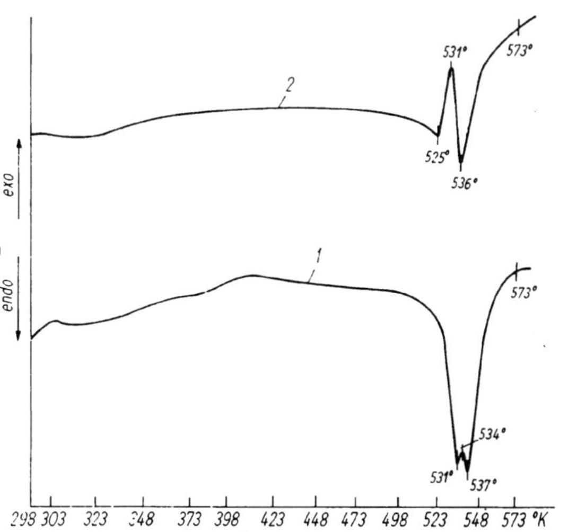

Bild 3. Derivatogramm von zusätzlichbehandelten YAMBOLEN-Fasern des Baumwolltyps
1 gereckt
2 gereckt, fixiert, gaufriert, geschnitten

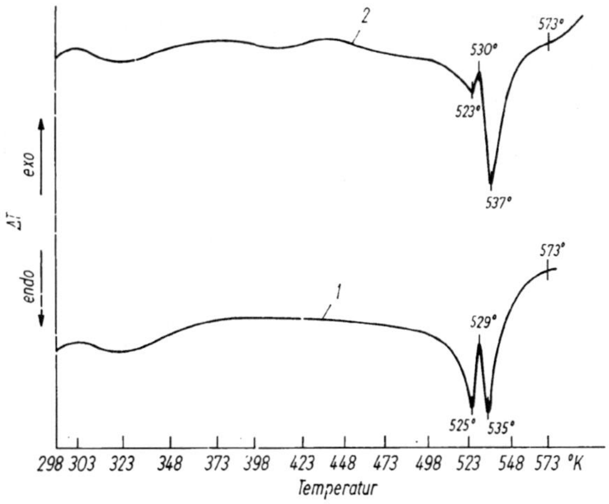

Bild 4. Derivatogramm von zusätzlich behandelten YAMBOLEN-Fasern des Wolltyps
1 gereckt
2 gereckt, fixiert, gaufriert, geschnitten

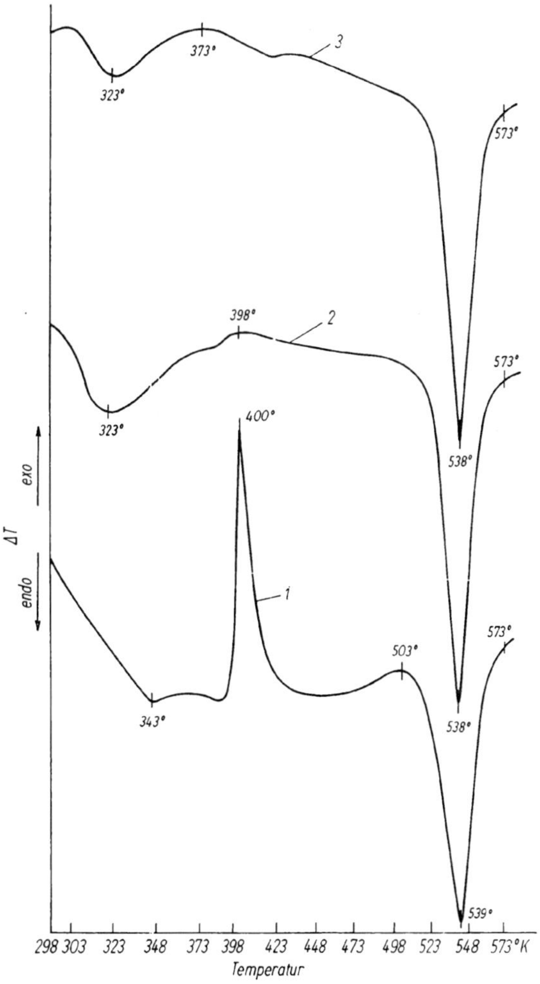

Bild 5. DTA-Kurven von Polyesterfasern unter Stickstoffatmosphäre
1 ungereckt, Wolltyp
2 gereckt, Wolltyp
3 gereckt, fixiert, gaufriert, geschnitten, Baumwolltyp

bemerken, daß sich beim vollständigen Schmelzen des Polyesters der Grad des oxydativen Abbaus, wahrscheinlich infolge der Verringerung der spezifischen Oberfläche des Materials, vermindert.

Zur Klärung des Einflusses der zusätzlichen Einwirkungen wurden die Derivatogramme der YAMBOLEN-Fasern nach den Veredlungsoperationen (Bilder 3 und 4) aufgenommen. Nach dem Recken ist der Kristallisationspeak nur noch angedeutet und die Glasumwandlungstemperatur nicht mehr zu erkennen. Interessant ist das Auftreten eines exothermen Peaks in der Schmelzzone der zusätzlich behandelten YAMBOLEN-Fasern beim Erhitzen in Luftatmosphäre (Bilder 3 und 4). Eine ähnliche Beobachtung ist von *Wiesener* [7] bei der DTA von Polyestergranulaten gemacht worden. Im allgemeinen ist dieser Peak für die Fasern des Wolltyps deutlicher ausgeprägt. Beim Erhitzen der Fasern unter Stickstoff (Bild 5) verschwindet das exotherme Maximum in dem betreffenden Temperaturbereich der DTA-Kurve, und man beobachtet nur einen endothermen Schmelzpeak. Dadurch kann das bei den Versuchen unter Luftatmosphäre beobachtete exotherme Maximum eindeutig einem thermooxydativen Vorgang zugeordnet werden, der sich bei den ungereckten Fasern beim Erhitzen unter Luft durch eine Verringerung der Fläche des Schmelzpeaks ebenfalls erkennen läßt.

Der exotherme Peak in der Schmelzzone der DTA-Kurven wird von einem Sprung in den TG-Kurven begleitet. Der aus den TG-Kurven ermittelte oxydative Abbau in diesem Bereich einer höheren Masseabnahme ist bei den Fasern des Wolltyps größer als bei denen des Baumwolltyps. Der Masseverlust bei 398°K beträgt bei den Fasern des Baumwolltyps durchschnittlich 0,2% und bei denen des Wolltyps durchschnittlich 0,4%. Dieser Unterschied ist wahrscheinlich auf die verschiedenen Avivierungsmittel zurückzuführen.

Aus den Ergebnissen kann man schließen, daß das Schmelzen der zusätzlich behandelten YAMBOLEN-Fasern beim Erhitzen unter Luft von einem spontanen oxydativen Abbau begleitet ist, dessen Geschwindigkeit durch die endotherme Desorientierung der sekundären übermolekularen Bindungen in Richtung der Faserachse bedingt erscheint.

Literatur

[1] *Ke, B.*: Differential thermal analysis of high polymers. IV. Saturated linear polyesters. J. appl. Polymer Sci. **6** (1962) 24, S. 624—628.
[2] *Schwenker, R. F., jr.*, und *Beck, S. R., jr.*: The differential thermal analysis of textile and other high polymeric materials. Textile Res. J. **30** (1960) 8, S. 624—626.
[3] *Schwenker, R. F., jr.*, und *Zuccarello, R. K.*: Differential thermal analysis of synthetic fibers. J. Polymer Sci., C: Polymer Symposia (1964) 6, S. 1—16.
[4] *Inoue, M.*: Studies on crystallization of high polymers by differential thermal analysis. J. Polymer Sci., A: General Papers **1** (1963) 7, S. 2697—2709.
[5] *Schulken, R. M., jr.*, *Boy, R. E., jr.*, und *Cox, R. H.*: Differential thermal analysis of linear polyesters. J. Polymer Sci., C: Polymer Symposia (1964) 6, S. 17—25.
[6] *Hughes, M. A.*, und *Sheldon, R. P.*: Some thermal studies on poly(ethylene terephthalate). J. appl. Polymer Sci. **8** (1964) 4, S. 1541—1548.
[7] *Wiesener, E.*: Differential-thermoanalytische Untersuchungen an Polyäthylenterephthalat. I. Ein exothermer Peak im Schmelzbereich. Faserforsch. u. Textiltechnik **19** (1968) 5, S. 235—238.
[8] *White, T. R.*: Melting behaviour of crystalline polymer fibres. Nature, London **175** (1955) 4464, S. 895—896.

K. Dimov, Chr. Betschev, R. Lasarova und *Iv. Alexandrova*
Chemisch-Technologisches Institut in Sofia, Bulgarien

Eingegangen am 29. April 1970

Neue Bücher

Stellung und Struktur der Textilveredlungsindustrie in Frankreich. Von *Thomas Mandt.* Forschungsberichte des Landes Nordrhein-Westfalen. Nr. 2071. Köln und Opladen: Westdeutscher Verlag 1970. 60 S. Brosch. DM 34,20.

Als Beitrag zur Auslandsstrukturforschung folgt mit dem Forschungsbericht Nr. 2071 eine zweite Studie zum Bereich der Textilveredlung. Die erste, im Forschungsbericht Nr. 1559 im Jahre 1965 veröffentlichte Studie bezog sich auf die Veredlungsindustrie der Niederlande, speziell auf den Bereich der Baumwoll- und Seiden- bzw. Kunstseiden-Stückveredlung, mit Datenmaterial aus dem Zeitraum 1952 bis 1962.

Im neuerdings vorliegenden Forschungsbericht Nr. 2071 wird die französische Textilveredlung untersucht. Als Gründe dafür werden die Bedeutung Frankreichs im Rahmen der EWG (ca. $^1/_4$ der Stoffdruckkapazität der EWG sind in Frankreich stationiert) und die besonders günstigen Bedingungen zur Beschaffung bzw. Erarbeitung des benötigten Grundlagenmaterials angegeben. Die letztgenannte Ursache wird als im Vergleich zu anderen EWG-Ländern günstiger liegend herausgestellt. Trotzdem bleibt die speziell auf dem Gebiet Textilveredlung bestehende generelle Problematik der Datenbeschaffung auch im vorliegenden Fall bestehen. Über die als unzureichend erachtete französische Industriestatistik (das Material der INSEE eignet sich speziell für globale Entwicklungstendenzen, aber nicht für Feinstrukturuntersuchungen der Textilveredlungsindustrie) hinausgehend, wurden zusätzliche Strukturforschungen durchgeführt. An der Gesamtdurchführung der vorliegenden Studie waren außer der Forschungsstelle in Münster das „Centre de Recherches d'Economie d'Enterprise de l'Université de Lille" mit drei weiteren Instituten in Lille, Lyon und Toulouse und die zuständige Organisation der französischen Textilveredlung A.P.J.E.T., unterstützt von nationalen und regionalen Syndikaten, beteiligt.

Die zusätzlich zur amtlichen Statistik durchgeführten Strukturanalysen wurden 1965/66 für Stoffdruck, 1966/67 für die Gewebeveredlung und 1967/68 für die Veredlung von losem Material und Garn durchgeführt. Auf Basis der damit vorliegenden Daten wurden Aussagen zur Stellung der Textilveredlungsindustrie in Frankreich, zur Anzahl und Größenstruktur der französischen Textilveredlungsbetriebe, zur Beschäftigten- und zur Produktionsstruktur erarbeitet. Im Rahmen der Produktionsstruktur wurden die Rohstoff- und Spartenstruktur, die Hauptveredlungen, die Veredlungsstufen, das Produktionsgenre des Stoffdruckes und die Sortimentsstruktur behandelt.

Weiterhin beschäftigt sich die Studie mit der Untergliederung nach Lohn-, Eigen- und Betriebsveredlung, den Kapazitäten des Stoffdruckes (Maschinenpark und Auslastung) sowie der Standortverteilung der französischen Textilveredlungsindustrie.

Außer zahlreichen tabellarischen Darstellungen im Textteil gibt es einen Anhang mit 23 Tabellen, die sich auf Daten aus dem Zeitraum 1953 bis 1967 stützen. Darunter findet man u. a. Angaben über Durchschnittsleistungen für Druckmaschinen nach Größenklassen, mengenmäßig und zeitlich (Maschinenstunden) sowie Nutzeffektangaben für Rouleaux- und Filmdruckmaschinen bei Lohn- und Eigen- bzw. Betriebsdruckern.

Die Studie gewinnt dadurch, daß in vielen Fällen Vergleiche mit Strukturdaten der westdeutschen Bundesrepublik eingearbeitet sind und Aussagen formuliert werden, die über die Belange der Textilveredlungsindustrie hinausgehend auf die Verbindungen zwischen Textilveredlungs- und Textilindustrie hindeuten. *D. Kummer*

Patentschau

Auszug aus der Lieferung 7/8 und 9/10/1970 der Patentschau „Faserstoffe und Textiltechnik", Ausgabe A: Faserstoffe einschl. Kunststoffe und organ. Grundsubstanzen, zusammengestellt von der Abteilung Wissenschaftliches Berichtswesen des Instituts für Faserstoff-Forschung der DAW, 153 Teltow-Seehof, Kantstr. 55

Die Patentschau ist nach der deutschen Patentklasseneinteilung gegliedert. Es bedeuten: DDP = DDR-Patent; DBP = Deutsches Bundespatent; DAS = (West)-Deutsche Auslegeschrift; DOS = (West)-Deutsche Offenlegungsschrift; OeP = Österreichisches Patent; PoP = Polnisches Patent; SzP = Schweizer Patent; FrP = Französisches Patent; GBP = Britisches Patent; JaP = Japanisches Patent; SvP = Schwedisches Patent; SUP = Sowjetisches Patent; ČSP = Tschechoslowakisches Patent; USP = Amerikanisches Patent; A = Anmeldedatum; B = Tag der Ausgabe der Patent-, Auslege- bzw. Offenlegungsschrift.

Klasse 12o, 14. Aromatische Carbonsäuren und Harzsäuren (teilweise)

USP 3479399. Verfahren zur Herstellung von Alkalimetallterephthalaten. Erf.: *Tamotsu Murase, Ichiro Mikami* u. *Moriyosi Tamura.* Inh.: Ube Industries Ltd., Yamaguchi-ken (Ja). A. 14. 8. 64, B. 18. 11. 69. Kl.: 260–515, Int. Kl.: C 07c 51/14 u. 63/28. 7 Anspr. A.-Z.: 389795.

Klasse 12o, 21. Carbonsäuren mit ungesättigter Atomkette, z. B. Zimtsäure (teilweise)

DOS 1518944. Verfahren zum Herstellen polymerer Fettsäuren und Polyamidharze heller Farbe. Erf.: *Eugene M. Fischer* u. *Frances M. Linn.* Anm.: Genral Mills Inc., Minneapolis, Minn. (US). A. 23. 7. 65, O. 25. 9. 69. Kl.: 12o, 21. A.-Z.: P 1518944 (G 44232).

Klasse 12p, 5. Stickstoffringe der heterocyclischen Reihe mit einem Stickstoffatom. Sonstige Ringe mit einem Stickstoffatom ...; Lactame ... (teilweise)

SzP 484897. Verfahren zur Herstellung von ε-Caprolacton. Erf.: *Von Den Hoff, Johan Pierre Henri.* Inh.: Stamicarbon N. V., Van der Massanstraat 2, Heerlen (Nd.). A. 21. 2. 68. Int. Kl.: C 07d 9/00. A.-Z.: 2544/68. Prior.: 25. 2. 67 (Nd; A.-Z.: 6703009).

SUP 259896 (Urheberschein). Verfahren zur Herstellung von N-substituierten δ-Lactamen mit einer gem-Dinitromethylgruppe in γ-Stellung des Lactamringes. Erf.: *F. M. Muchametsin* u. *A. L. Fridman.* Inh.: Permskij Filial Gosudarstvennogo Ordena Trudovogo Krasnogo Znameni Instituta prikladnoj Chimii. A. 1. 6. 67, B. 22. 12. 69. Int. Kl.: C 07d. A.-Z.: 1161227/23–4.

USP 3485820. Verfahren zur Reinigung von ε-Caprolactam. Erf.: *Hansdieter Hofmann, Horst Corsepius* u. *Manfred Kyber.* Inh.: Vickers-Zimmer AG Planung und Bau von Industrieanlagen, Frankfurt/M. (DB). A. 15. 8. 66, B. 23. 12. 69. Kl.: 260–239,3, Int. Kl.: C 07d 41/06. 7 Anspr. A.-Z.: 572470.

Klasse 20a. Mechanische Gewinnung von Gespinstfasern

USP 3484904. Vorrichtung und Verfahren zum Entkörnen und zur Lintersentfernung von Baumwolle. Erf.: *Lester P. Berriman* u. *Kenneth E. Levy.* Inh.: Producers Cotton Oil. A. 11. 1. 68, B. 23. 12. 69. Kl.: 19–41, Int. Kl.: D 01b 1/04 u. 1/10. 14 Anspr. A.-Z.: 697121.

SzP 486570. Vorrichtung zur Herstellung von aus mindestens zwei verschiedenen Polymeren bestehenden Verbundfäden. Erf.: *Gunter Goossens.* Inh.: Inventa AG für Forschung und Patentverwertung, Zürich, Stampfenbachstr. 38. Korrespondenzadesse: Postfach 2701, Zürich 23 (Sz.). A. 21. 9. 66. Int. Kl.: D 01d 3/00. A.-Z.: 13639/66. Entspr. FrP 1551952.

USP 3478401. Verfahren und Vorrichtung zur Behandlung von Fäden. Erf.: *James W. Whitworth* u. *William J. Schroder.* Inh.: Deering Milliken Research Corp., Spartanburg, S. C. A. 8. 12. 67, B. 18. 11. 69. Kl.: 28–62, Int. Kl.: D 02j 11/00. 18 Anspr. A.-Z.: 689025. Entspr. DOS 1813196.

JaP 26407/69. Lineare synthetische thermoplastische Gegenstände. Inh.: Asahi Chem. Ind. Co. Ltd. A. 12. 1. 66, B. 6. 11. 69. Kl.: 42A. A.-Z.: 1334/66.

SzP 485045. Einrichtung zum Aufheizen von Kunststoffäden. Erf.: *Max Börner.* Inh.: Gebrüder Sulzer, Heizung und Lüftung GmbH, Furtbachstr. 4, Stuttgart (DB). A. 25. 1. 68. Int. Kl.: D 02g 1/02. A.-Z.: 1175/68.

USP 3484914. Verfahren und Vorrichtung zur Behandlung eines Elementarfadenbündels mit einem Gasstrom. Erf.: *Giacomo Cerutti* u. *Giorgio Faraci.* Inh.: Bemberg S. p. A., Mailand (It). A. 8. 6. 67, B. 23. 12. 69. Kl.: 28–1,4, Int. Kl.: D 02g 1/16. 9 Anspr. A.-Z.: 644604. Prior.: 13. 6. 66 (It; A.-Z.: 13401/66, ItP 18975). Entspr. FrP 1525497.

USP 3478389. Spinndüse. Erf.: *Bruce R. Bradley* u. *James G. Sims.* Inh.: Monsanto Co., St. Louis, Mo. A. 19. 10. 67, B. 18. 11. 69. Kl.: 18–8, Int. Kl.: D 01d 3/00. 5 Anspr. A.-Z.: 676418.

USP 3488806. Schmelzspinnkopf-Anordnung. Erf.: *Rudolph Guido de Cecco, Eldon Lawrence Fletcher* u. *Stanley David Wood.* Inh.: E. I. du Pont de Nemours and Co., Wilmington, Del. A. 21. 7. 67, B. 13. 1. 70. Kl.: 18–8, Int. Kl.: D 01d 5/08. 4 Anspr. A.-Z.: 655077. Prior.: 24. 10. 66 (Ca; A.-Z.: 973995).

SzP 485046. Verfahren zur Herstellung von gekräuselten Polypropylenfäden. Erf.: *Fukuma Noboru, Kenichi Metsui* u. *Hiroshi Shimizu.* Inh.: Asahi Kasei Kogyo Kabushiki Kaisha, 25–1, 1-chome, Dojima-hamadori, Kita-ku, Osaka (Ja). A. 27. 2. 68. Int. Kl.: D 02g 1/18. A.-Z.: 2830/68. Prior.: 28. 2. 67 (Ja; A.-Z.: 12268/67). Entspr. FrP 1558655 u. GBP 1145818.

USP 3485030. Im Gleichgewicht befindliche gebauschte Seide und Verfahren zur Herstellung. Erf.: *Hendrikus Jan Smit, Antonius J. F. Hollweg* u. *Jacibus Johannes Jonker.* Inh.: American Enka Corp., Enka, N. C. A. 2. 10. 67, B. 23. 12. 69. Kl.: 57–140, Int. Kl.: D 02g 3/02. 6 Anspr. A.-Z.: 671945.

SzP 486569. Schmelzvorrichtung zur Herstellung von Fasern, Fäden und Faservliesen. Erf.: *Lüder Gerking.* Inh.: Firma Carl Freudenberg, Weinheim/Bergstr. (DB). A. 18. 9. 68. Int. Kl.: D 01d 1/04. A.-Z.: 13982/68.

USP 3487144. Vorrichtung und Verfahren zum Kühlen von extrudierten geschmolzenen Fäden. Erf.: *Arlen K. Sarian.* Inh.: FMC Corp., Philadelphia, Pa. A. 4. 1. 68, B. 30. 12. 69. Kl.: 264–237, Int. Kl.: B 28b 3/20 u. B 29c 25/00. 7 Anspr. A.-Z.: 695604. Entspr. DOS 1806691.

GBP 1181249. Verfahren zur Herstellung von texturierten Fasern aus thermoplastischen makromolekularen Stoffen. Inh.: Shell Internationale Research Maatschappij N. V. A. 29. 8. 67, B. 11. 2. 70. Kl.: B 5. B, Int. Kl.: D 01d 5/00. A.-Z.: 39468/67. Prior.: 31. 8. 66 (Nd; A.-Z.: 6612238).

Klasse 29b. Chemische Gewinnung bzw. Herstellung von Spinnfasern und Fäden sowie ihre Präparation für die textile Weiterverarbeitung

USP 3479205. Verfahren zur Herstellung von Borfäden. Erf.: *Charles R. Morelock.* Inh.: General Electric Co. A. 14. 10. 66. B. 18. 11. 69. Kl.: 117–46, Int. Kl.: C 23c 9/06 u. B 44c 1/02. 1 Anspr. A.-Z.: 586809.

DOS 1494725. Verfahren und Vorrichtung zur Herstellung von Fäden und Fasern aus regenerierter Cellulose. Erf.: *Rainer Thomas, Wilfried Keiler* u. *Paul Weber.* Anm.: Phrix-Werke AG, 2000 Hamburg. A. 19.8. 65, O. 25. 9. 69. Kl.: 29b, 3/20. A.-Z.: P 1494725 (P 37483). Entspr. SzP 460241, FrP 1487244, GBP 1136412 u. USP 3458901.

DOS 1669376. Verfahren und Vorrichtung zur Rückgewinnung von Schwefelkohlenstoff und Schwefelwasserstoff aus Spinnbädern. Erf.: *Karl Ebner.* Anm.: Apparate- und Maschinenbau Ebner & Co. KG, 6419 Leibholz. A. 20. 2. 68, O. 11. 9. 69. Kl.: 29b, 3/28. A.-Z.: P 1669376 (A 58242).

USP 3489832. Kontinuierliches Erspinnen und Recken von Polycapronsäureamidfäden. Erf.: *James I. Bruton* u. *Lloyd D. Caison.* Inh.: Allied Chemical Corp., New York, N. Y. A. 28. 4. 67, B. 13. 1. 70. Kl.: 264–237, Int. Kl.: D 01d 5/10, 5/12. 9 Anspr. A.-Z.: 634518. Entspr. FrP 1573141, u. GBP 1158099.

DOS 1494659. Verspinnbare Mischung und Verfahren zur Herstellung von Textilfasern. Erf.: *Giorgio Leicht.* Anm.: Montecatini Edison S. p. A., Mailand (It). A. 14. 5. 63, O. 18. 9. 69. Kl.: 29b, 3/65 (39b 4, 29/10). A.-Z.: P 1494659 (M 56810). Prior.: 18. 5. 62 (It; A.-Z.: 10000/62). Entspr. FrP 1357296, GBP 1017454 u. USP 3288897.

FrP 1584083. Verfahren zur Herstellung von textilen Fasern auf der Basis von Polyoxymethylen und nach diesem Verfahren erhaltene Fasern. Erf.: *P. Parrini.* Inh.: Montecatini Edison. A. 2. 8. 68, B. 12. 12. 69. Int. Kl.: C 01f, C 08g 37/00 u. D 01d. A.-Z.: 161611. Prior.: 4. 8. 67 (It; A.-Z.: 19230 A/67)

USP 3483576. Verfahren zur kontinuierlichen Herstellung von gefärbten Fäden aus Polyacrylnitril. Erf.: *Kazumi Nakagawa* u. *Keijiro Kuratani.* Inh.: American Cyanamid Co., Stamford, Conn. A. 15. 3. 65, B. 16. 12. 69. Kl.: 8–177, Int. Kl.: D 06p 3/70. 3 Anspr. A.-Z.: 439819. Prior.: 27. 3. 64 (Ja; A.-Z.: 39/17116). Entspr. FrP 1439112.

USP 3493425. Präparierte Faserstoffe. Erf.: *James K. Campbell.* Inh.: Dow Corning Corp., Midland, Mich. A. 1. 2. 67, B. 3. 2. 70. Kl.: 117–138, 8, Int. Kl.: C 08d 13/24 u. C 03c 25/02. 4 Anspr. A.-Z.: 613105. Entspr. FrP 1552577.

JaP 26548/69. Polyesterfaserstoff. Inh.: Teijin Co. A. 18. 4. 64, B. 6. 11. 69. Kl.: 25 E. A.-Z.: 21845/64.

Klasse 32a. 37/00. Herstellung von Fasern oder Fäden aus flüssigem Glas, flüssigen Mineralien oder flüssiger Schlacke

USP 3484259. Hochfeste Hochmodul-Glasfaserstoffe. Erf.: *Albert Lewis, David L. Robbins* u. *Lawrence W. Kelley.* Inh.: Glass Fibers Products Inc., Azusa, Calif. A. 31. 8. 66, B. 16. 12. 69. Kl.: 106–50, Int. Kl.: C 03c 3/04 u. 13/00. 3 Anspr. A.-Z.: 576211.

USP 3479167. Vorrichtung zur Herstellung von Glasfaserstoffen. Erf.: *Leland E. Ashman.* Inh.: Arthur D. Little Inc., Cambridge, Mass. A. 2. 5. 66, B. 18. 11. 69. Kl.: 65–1, Int. Kl.: C 03b 37/02. 4 Anspr. A.-Z.: 546706.

Klasse 39b. Makromolekulare Verbindungen; ihre Herstellung und chemische Verarbeitung; Massen auf der Grundlage derartiger Verbindungen

Klasse 39b1. Polysaccharide und deren Derivate

USP 3479336. Herstellung von Celluloseestern aus teilchenförmigem Lignocellulosematerial. Erf.: *Richard Perry Taylor* u. *Derek Abson.* Inh.: Columbia Cellulose Co. Ltd., St. Vancouver, British Columbia (Ca). A. 13. 5. 66, B. 18. 11. 69. Kl.: 260–225, Int. Kl.: C 08b 3/06, 1/02 u. 3/16. 12 Anspr. A.-Z.: 558167.

USP 3489743 Zus. z. Pat. m. A.-Z.: 717045. A. 28. 3. 68. Verfahren zur Herstellung von Celluloseestern und -äthern von Polycarbonsäuren. Erf.: *Carlton L Crane.* Inh.: Eastman Kodak Co., Rochester, N. Y. A. 2. 1. 69, B. 13. 1. 70. Kl.: 260–225, Int. Kl.: C 08b 3/12, 3/16. 17 Anspr. A.-Z.: 788652.

GBP 1175010 Zus. z. Pat. 1066690. Mischverfahren. Inh.: Union Carbide Corp. A. 23. 11. 68, B. 23. 12. 69. Kl.: C 3. A, Int. Kl.: C 08b 9/06. A.-Z.: 55674/68.

Klasse 39b3. Synthesekautschuk

JaP 26731/69. Verbinden von Polyolefinfaserstoffen mit Kautschuk. Inh.: Daiwa Spinning Co., Ltd. A. 2. 6. 65, B. 8. 11. 69. Kl.: 25 E. A.-Z.: 32846/65.

Klasse 39b4. Polymerisationsprodukte

SzP 487188. Verfahren zur Herstellung von Vinylchlorid-Polymerisaten oder -Copolymerisaten bei tiefen Temperaturen. Erf.: *Carlo Nicora, Giancarlo Borsini, Giovanni Confalonieri* u. *Guidobaldo Cevidalli.* Inh.: Montecatini Edison S. p. A., Foro Buonaparte 31, Mailand (It). A. 9. 2. 67. Int. Kl.: C 08f 1/62, C 08f 47/14 u. D 01f 7/02. A.-Z.: 1917/67. Prior.: 10. 2. 66 (It; A.-Z.: 2912/66). Entspr. FrP 1510729.

SzP 487190. Verfahren zur Herstellung von Vinylchlorid-Polymeren und/oder Copolymeren mittels Tieftemperaturpolymerisation. Erf.: *Giancarlo Borsini, Francesco Visani* u. *Guidobaldo Cevidalli.* Inh.: Società Idison, Foro Bonaparte, 31, Mailand (It). A. 2. 12. 65. Int. Kl.: C 08f 1/80 u. C 08f 3/30. A.-Z.: 16631/65. Prior.: 3. 12. 64 (It; A.-Z.: 25998/64). Entspr. DDP 54108, FrP 1456140, GBP 1128172 u. USP 3415797.

FrP 2001137. Verfahren zur Copolymerisation von Allylfluorid und daraus erhaltene Copolymere. Erf.: *J. Waterman, A. Shaham, I. Shorr* u. *L. Marshall*. Inh.: Israel Mining Industries, Institute for Research and Development. A. 31. 1. 69, B. 12. 12. 69. Int. Kl.: C 08f 1/00 u. C 08f 15/00. A.-Z.: 6902133. Prior.: 1. 2. 68 (Is; A.-Z.: 29406). Entspr. DOS 1904931.

FrP 2001450. Polymerisationskatalysator für Äthylen. Erf.: *U. Giannini P. Longi, D. Deluca, A. Cassata* u. *B. Pivetto*. Inh.: Montacatini Edison. A. 5. 2. 69, B. 12. 12. 69. Int. Kl.: C 08f 1/00, B 01j 17/00 u. C 08f 3/00. A.-Z.: 6902536. Prior.: 7. 2. 68 (It; A.-Z.: 12456 A/68).

JaP 26451/69. Carbonsäuresalz von Organo-Al-halogenid. Inh.: Toyo Rayon Co. Ltd. A. 24. 5. 66, B. 6. 11. 69. Kl.: 16 B. A.-Z.: 32668/66.

DOS 1420381 Zus. z. Anm. 1019466. Verfahren zur Herstellung von hochmolekularen Polyäthylenen. Erf.: *Herbert Bestian, Heinz-Joachim Bahr*, u. *Hans Zimmermann*. Anm.: Farbwerke Hoechst AG vorm. Meister Lucius & Brüning, 6230 Frankfurt-Höchst. A. 3. 6. 55, O. 25. 9. 69. Kl.: 39b4, 3/06. A.-Z.: P 1420381 (F 17664).

DAS 1301076. Verfahren zur Herstellung von Acrylnitrilhomo- oder -copolymerisaten. Erf.: *Corrado Mazzolini* u. *Sergio Lo Monaco*. Anm.: Chatillon Società An. Italiana per le Fibre Tessili Artificiali S. p. A., Mailand (It). A. 12. 3. 65, B. 2. 10. 69. Kl.: 39b4, 3/76. A.-Z.: P 1301076 (A 48609). Prior.: 18. 3. 64 (It; A.-Z.: 5994). Entspr. SzP 450729, FrP 1428421, GBP 1103696 u. SvP 318102.

FrP 1585251. Verfahren zur Polymerisation von Vinylchlorid. Inh.: Sharetsky, A. M.; Svetozarsky, S. V.; Zilberman, E. N. u. Kotlyar, E.-B. A. 7. 8. 68, B. 16. 1. 70. Int. Kl.: C 08f. A.-Z.: 162125.

USP 3485812. Verfahren zur Herstellung von Äthylenpolymeren. Erf.: *Harry D. Anspon* u. *Francis E. Brown*. Inh.: Gulf Research & Development Co., Pittsburgh, Pa. A. 30. 8. 66, B. 23. 12. 69. Kl.: 260–94,9, Int. Kl.: C 08f 3/04. 4 Anspr. A.-Z.: 575983.

DOS 1520856. Verfahren zur Herstellung von Mischpolymerisatlatices. Erf.: *Einte Pieter Grommers* u. *Geert Casper Vegter*. Anm.: Shell Internationale Research Maatschappij N. V., Den Haag (Nd). A. 9. 3. 64, O. 2. 10. 69. Kl.: 39b4, 15/40. A.-Z.: P 1520856 (S 89911). Prior.: 11. 3. 63 (Nd; A.-Z.: 290024). Entspr. SzP 433758, FrP 1392771, GBP 1003105, SvP 318717 u. USP 3370031.

SzP 485784. Verfahren zur Herstellung von Hydroxylgruppen aufweisenden Copolymeren und ihre Verwendung. Erf.: *Philip Duncan Cox* u. *Geoffrey Swann*. Inh.: Reichhold Chemie AG, Hausen b. Brugg. A. 22. 6. 65. Int. Kl.: C 08f 15/00, C 08f 19/00 u. C 08f 27/12. A.-Z.: 8694/65.

FrP 1585298. Copolymere von Olefinen und N-ungesättigten Carbazolderivaten. Erf.: *Y. Amiard, J.-P. Bellissent* u. *G. Marie*. Inh.: Société Nationale des Petroles d'Aquitaine. A. 2. 10. 68, B. 16. 1. 70. Int. Kl.: C 08f. A.-Z.: 168369.

USP 3487058. Verfahren zum verbesserten Einbringen von Vinylbromid in Acrylpolymere. Erf.: *George Palethorpe*. Inh.: Monsanto Co., St. Louis, Mo. A. 22. 8. 66, B. 30. 12. 69. Kl.: 260–85,5, Int. Kl.: C 08f 15/32. 2 Anspr. A.-Z.: 573794. Entspr. FrP 1534526.

SvP 317193. Vulkanisierbares, lineares, ungesättigtes Terpolymerisat sowie Herstellungsverfahren. Erf.: *G. Natta, G. Mazzanti, A. Valvassori, G. Sartori* u. *N. Cameli*. Inh.: Montecatini Soc. Gen. per l'Industria Mineraria e Chimica, Mailand (It). A. 17. 10. 62, B. 10. 11. 69. Kl.: 39b4, 17/00, Int. Kl.: C 08f 17/00. A.-Z.: 11117/62. Prior.: 18. 10. 61 u. 24. 5. 62 (It; A.-Z.: 18834/61 u. 10340/62). Entspr. GBP 977839 u. USP 3260708. A.-Z.: 10340/62 entspr. SzP 481150 u. GBP 977931.

JaP 23506/69. Homogenes Copolymeres von Styrol und Methylmethacrylat. Inh.: Dow Chemical Co. A. 10. 2. 69, B. 6. 10. 69. Kl.: 26 B. A.-Z.: 3780/59.

FrP 1584814 (Au.). Neues Verfahren zur Behandlung von Polyvinylalkohol. Inh.: Rhodiaceta. A. 17. 9. 68, B. 2. 1. 70. Int. Kl.: C 08f. A.-Z.: 166516.

DOS 1544870. Verfahren zur Vernetzung von Pfropfpolymerisaten des Vinylchlorids. Erf.: *Dietrich Hardt, Herbert Bartl* u. *Willi Wolff*. Anm.: Farbenfabriken Bayer AG, 5090 Leverkusen. A. 1. 2. 64, O. 11. 9. 69. Kl.: 39b4, 29/14. A.-Z.: P 1544870 (F 41901). Entspr. FrP 1422710 u. GBP 1035601.

OeP 282187. Gegen Wärme, Licht und Alterung stabilisierte Polymergemische. Erf.: *Millo Branchesi*. Inh.: Montecatini Edison S. p. A., Mailand (It). A. 5. 3. 68, B. 15. 10. 69. Kl.: 39b, 12. A.-Z.: 2132/68. Prior.: 7. 3. 67 (It; A.-Z.: 13414 A/67). Entspr. FrP 1561511.

SvP 315731. Vulkanisierbare Komposition. Erf.: *A. Portolani, G. Ballini, C. Bujtar, C. A. Peri* u. *S. Fontani*. Inh.: Montecatini Soc. Gen. per l'Industria Mineraria e Chimica, Mailand (It). A. 13. 2. 64, B. 6. 10. 69. Int. Kl.: C 08f 27/00. A.-Z.: 1735/64. Prior.: 14. 2. 63 u. 27. 6. 63 (It; A.-Z.: 3038 u. 13442). Entspr. DAS 1247012 u. FrP 1386673.

SUP 258578 (Urheberschein). Verfahren zur Modifizierung von Polyolefinen. Erf.: *D. A. Andruščenko, A. A. Kačan, G. V. Černjavskij* u. *V. D. Šrubovič*. Anm.: Institut Chimii vysokomolekuljarnych Soedinenij AN Ukrainskoj SSR. A. 8. 7. 68, B. 3. 12. 69. Kl.: 39b, 22/06. A.-Z.: 1255357/23–5.

OeP 280586. Verfahren zur Herstellung von Mischungen auf Basis von Vinylharzen und Elastomeren. Inh.: Solvay & Cie., Brüssel (Be.). A. 3. 1. 68, B. 15. 8. 69. Kl.: 39b, 14. A.-Z.: 67/68. Prior.: 3. 1. 67 (Nd).

SzP 484952. Polymermischungen, die mit Dispersions-, Säure- und Metallkomplex-Farbstoffen anfärbbar sind. Erf.: *Albert Bonvicini* u. *Guiseppe Cantatore*. Inh.: Montecatini Edison S. p. A., 1–2 Largo Guido Donefani, Mailand (It). A. 10. 2. 67. Int. Kl.: C 08f 29/10, C 08f 47/12 u. D 01f 7/02. A.-Z.: 2015/67. Prior.: 11. 2. 66 (It; A.-Z.: 3087/66). Entspr. FrP 91836 u. GBP 1104059.

JaP 31468/69. Vinylchloridpolymere. Inh.: Sumitomo Chem. Ind. Co. Ltd. A. 24. 6. 65, B. 16. 12. 69. Kl.: 25 H. A.-Z.: 57958/65.

JaP 31469/69. Vinylchloridpolymere. Inh.: Sumitomo Chem. Ind. Co. Ltd. A. 24. 6. 65, B. 16. 12. 69. Kl.: 25 H. A.-Z.: 37959/65.

SvP 313663. Stabilisierte Komposition auf der Grundlage von kristallinem Polypropylen. Erf.: *M. Compostella*. Inh.: Montecatini Soc. Gen. per l'Industria Mineraria e Chimica, Mailand (It). A. 17. 7. 63, B. 18. 8. 69. Int. Kl.: C 08f 45/58. A.-Z.: 7920/63. Prior.: 18. 7. 62 (It; A.-Z.: 14446). Entspr. DDP 44641, DAS 1295184, SzP 452190, FrP 1363071 u. GBP 982473.

USP 3476704. Stabilisiertes Polyvinylchlorid. Erf.: *Arnold Schroeder* u. *Paulus G. J. Nieuwenhuis*. Inh.: Koninklijke Industrieele Maatschappij Noury & Van der Lande N. V., Deventer (Nd). A. 6. 4. 67, B. 4. 11. 69. Kl.: 260–45,75, Int. Kl.: C 08f 45/62. 3 Anspr. A.-Z.: 628848. Prior.: 12. 4. 66 (Nd; A.-Z.: 6604927). Entspr. FrP 1518397 u. GBP 1107697.

USP 3487042. Verfahren zur Verbesserung der Lichtechtheit eines Acrylpolymeren durch Einbau einer alicyclischen Dienverbindung und das hergestellte Produkt. Erf.: *Brian Pilling*. Inh.: Monsanto Co., St. Louis, Mo. A. 22. 6. 66, B. 30. 12. 69. Kl.: 260–41, Int. Kl.: C 08f 47–04. 18 Anspr. A.-Z.: 559402.

Klasse 39b5. Polykondensations- und Polyadditionsprodukte

SvP 311757. Verfahren zur Herstellung eines im wesentlichen amorphen, linearen, hochmolekularen Copolymerisats aus Äthylen mit Propylen oder Butylen-1. Erf.: *G. Natta, G. Mazzanti* u. *G. Boschi*. Inh.: Montecatini Soc. Gen. per l'Industria Mineraria e Chimica, Mailand (It); u. Ziegler, K., Mülheim/Ruhr (DB). A. 21. 12. 56, B. 23. 6. 69. Int. Kl.: C 08f 15/04. A.-Z.: 3732/68. Prior.: 23. 12. 55 (It; A.-Z.: 18119), Entspr. USP 3300459.

DOS 1570982. Verfahren und Vorrichtung zur Herstellung von Vorkondensaten aus Terephthalsäure und Glykol. Erf.: *Wolf Dieter Hahn* u. *Joachim Plenz*. Anm.: Inventa AG für Forschung u. Patentverwertung, Zürich (Sz). A. 17. 7. 65, O. 2. 10. 69. Kl.: 39b5, 17/06. A.-Z.: P 1570982 (M 66003).

SUP 260168 (Urheberschein). Verfahren zur Herstellung von fluorhaltigen Polyestern. Erf.: *B. F. Maličenko*. Inh.: Institut Chimii vysokomolekuljarnych Soedinenyj AN Ukrainskoj SSR. A. 5. 7. 68, B. 22. 12. 69. Int. Kl.: C 08g. A.-Z.: 1254182/23–5.

SvP 310791. Vulkanisierbares Olefininterpolymerisat sowie ein Verfahren zur Herstellung. Erf.: *G. Natta, G. Mazzanti, A. Valvassori, G. Sartori* u. *V. Turba*. Inh.: Montecatini Soc. Gen. per l'Industria Mineraria e Chimica, Mailand (It). A. 12. 7. 63, B. 12. 5. 69. Int. Kl.: C 08f 17/00. A.-Z.: 7779/63. Prior.: 13. 7. 62 (It; A.-Z.: 14103).

SvP 317808. Herstellung von Polyäthylenterephthalat, wobei Terephthalsäure und Äthylenglykol verestert werden und das veresterte Produkt einer Polykondensationsreaktion ausgesetzt wird. Erf.: *J. F. Kemkes*. Inh.: N. V. Onderzoekingsinstituut Research, Arnhem (Nd). A. 23. 9. 63, B. 24. 11. 69. Kl.: 39b5, 17/06, Int. Kl.: C 08g 17/06. A.-Z.: 10361/63. Prior.: 24. 9. 62 (Nd; A.-Z.: 283561). Entspr. SzP 420618, FrP 1368576 u. GBP 1001787.

USP 3463760. Verfahren zum Abkühlen von geschmolzenem Polyestervorpolymeren. Erf.: *Kenneth Thomas Barkey*. Inh.: Eastman Kodak Co., Rochester, N. Y. A. 1. 12. 66, B. 26. 8. 69. Kl.: 260–75, Int. Kl.: C 08g 17/003. 7 Anspr. A.-Z.: 598196. Entspr. FrP 1560324 u. GBP 1150859.

USP 3484410. Verfahren zur Herstellung von Polyestern mit Antimonkatalysatoren. Erf.: *Stanley D. Lazarus* u. *Poul N. Christensen*. Inh.: Allied Chemical Corp., New York, N. Y. A. 23. 11. 66, B. 16. 12. 69. Kl.: 260–75, Int. Kl.: C 08g 17/015. 20 Anspr. A.-Z.: 596451. Entspr. FrP 1545053 u. GBP 1168149.

OeP 280594. Verfahren zur Herstellung eines neuen Polyamids. Inh.: Imperial Chemical Industries Ltd., London (GB). A. 15. 12. 67, B. 15. 8. 69. Kl.: 39b, 21. A.-Z.: 11340/67.

OeP 281422. Verfahren zur Herstellung oxalkylierter Polyamide. Inh.: Badische Anilin- & Soda-Fabrik AG, Ludwigshafen (DB). A. 21. 10. 68, B. 15. 9. 69. Kl.: 39b, 21. A.-Z.: 10246/68.

SzP 484965. Verfahren zur Polymerisation von Lactamen. Erf.: *Johan Albert Bigot, Johannes Van Mourik* u. *Johannes van Beveren*. Inh.: Stamicarbon N. V., Van der Naesenstraat 2, Heerlen (Nd). A. 20. 7. 67. Int. Kl.: C 08g 20/18. A.-Z.: 10342/67. Prior.: 4. 8. 66 (Nd; A.-Z.: 6610959). Entspr. FrP 1531975 u. GBP 1168667.

FrP 2004434 (B). Verfahren zur anionischen Polymerisation von Lactamen in Gegenwart eines Katalysators und eines Promotors. Inh.: Stamicarbon N. V. A. 21. 3. 69, B. 2. 1. 70. Int. Kl.: C 08g 20/00, C 07d 41/00. A.-Z.: 6908273. Prior.: 21. 3. 68 u. 4. 12. 68 (Nd; A.-Z.: 6804056.

USP 3484407 Zus. z. Pat. m. A.-Z.: 347360. A. 26. 2. 64. Carbonsäureamid- und heterocyclische Bindungen enthaltende lineare Kondensationspolymere. Erf.: *Jack Preston*. Inh.: Monsanto Co., St. Louis, Mo. A. 13. 1. 67, B. 16. 12. 68. Kl.: 260–47, Int. Kl.: C 08g 20/20, 10 Anspr. A.-Z.: 609010. Entspr. FrP 1566254. A.-Z.: 347360 entspr. GBP 1104111.

DOS 1645427. Verfahren zur Herstellung von thermoplastischen Polyharnstoffen. Erf.: *Peter Borner*. Anm.: Schering AG, Berlin und Bergkamen, 1000 Berlin. A. 22. 10. 65, O. 11. 9. 69. Kl.: 39b5, 22/02. A.-Z.: P 1645427 (Sch 37910). Entspr. FrP 1497345, GBP 1102677, u. USP 3484412.

DAS 1300689. Verfahren zur Herstellung von Polyurethanelastomeren. Erf.: *Harald Oertel, Heinrich Rinke, Friedrich-Karl Rosendahl* u. *Wilhelm Thoma*. Anm.: Farbenfabriken Bayer AG, 5090 Leverkusen (DB). A. 23. 5. 64, B. 2. 10. 69. Kl.: 39b5, 22/04 (39b5, 41/00, 29b, 3/60). A.-Z.: P 1300689 (F 42970). Entspr. SzP 476127, FrP 1445580 u. GBP 1082938.

DOS 1595699. Stabilisierte Polyurethane. Erf.: *Harold Oertel, Friedrich-Karl Rosendahl* u. *Heinrich Rinke*. Anm.: Farbenfabriken Bayer AG, 5090 Leverkusen. A. 5. 12. 66, O. 4. 9. 69. Kl.: 39b5, 22/16. A.-Z.: P 1595699 (F 50852). Entspr. FrP 1564518 u. GBP 1164559.

DOS 1570577. Verfahren zur Herstellung stickstoffhaltiger Polykondensationsprodukte. Erf.: *Joachim Schneider, Joachim Nentwig, Hans Holtschmidt* u. *Ernst Roos*. Anm.: Farbenfabriken Bayer AG, 5090 Leverkusen. A. 2. 6. 65, O. 4. 9. 69. Kl.: 39b5, 33/02. A.-Z.: P 1570577 (F 46219). Entspr. SzP 478871, FrP 1520387 u. GBP 1116408.

DOS 1595643. Verfahren zur Herstellung von phosphorhaltigen Polymeren. Erf.: *Wolfgang Carl, Martin Wandel* u. *Alfred Reichle*. Anm.: Farbenfabriken Bayer AG, 5090 Leverkusen (DB). A. 14. 6. 66, O. 2. 10. 69. Kl.: 39b5, 33/16. A.-Z.: P 1595643 (F 49461).

USP 3485670. Verfahren zur Reinigung einer Vorrichtung zur Verarbeitung von Polyäthylenterephthalat. Erf.: *Joseph T. Fisher*. Inh.: Eastman Kodak Co., Rochester, N. Y. A. 28. 7. 66, B. 23. 12. 69. Kl.: 134–5, Int. Kl.: B 08b 3/04. 8 Anspr. A.-Z.: 568479.

USP 3479319. Mit Natriumpyrophosphat stabilisiertes Polyäthylenterephthalat. Erf.: *William L. Hergenrother*. Inh.: The Firestone Tire & Rubber Co., Akron, Ohio. A. 19. 9. 67, B. 18. 11. 69. Kl.: 260–45,7, Int. Kl.: C 08g 51/56. 8 Anspr. A.-Z.: 668945. Entspr. FrP 1580042.

Klasse 42k, 50. Textilprüfung. Verfahren, Vorrichtungen und Maschinen zum Prüfen von Fasern, Fäden, Garnen, Geweben auf ihre mechanischen und Festigkeitseigenschaften, auf Spannungen, mechanische Unregelmäßigkeiten, Drall (Drehung), Porosität

DOS 1473577. Vorrichtung zur Überwachung des Fadens einer Textilmaschine. Erf.: *Walter Gith*. Anm.: Reners, Walter, Dr.-Ing., 4050 Mönchengladbach. A. 28. 9. 63, O. 4. 9. 69. Kl.: 42k, 50. A.-Z.: P 1473577 (R 36246). Entspr. SzP 432050 u. USP 3258824.

SUP 258698 (Urheberschein). Gerät zum Prüfen von Bekleidungsteilen auf wiederholte Verformung. Erf.: *S. D. Šiškova, L. P. Chazanov, D. K. Lichterman*. Anm.: Central'nyj naučno-issledovatel'skij Institut švejnoj Promyšlennosti. A. 8. 8. 68. B. 3. 12. 69. Kl.: 42k, 50. A.-Z.: 1262776/28–12.

USP 3489001. Festigkeitsprüfvorrichtung. Erf.: *John Roderic Leech* u. *Paul William F. Scholes.* Inh.: Courtaulds Ltd., London (GB). A. 9. 5. 68, B. 13. 1. 70. Kl.: 73–95, Int. Kl.: G 01n 3/28, 3/09. 13 Anspr. A.-Z.: 727766. Prior.: 10. 5. 67 (GB; A.-Z.: 21816/67).
SUP 259452 (Urheberschein). Einspannvorrichtung für den die Geberelektrode bei der Messung seines elektrischen Widerstandes biegenden Faden. Erf.: *S. V. Belkauskajte, I. V. Gurvičjusu, V. A. Krotkus.* Anm.: Litovskij naučno-issledovatel'skij Institut tekstil'noj Promyšlennosti. A. 1. 8. 68, B. 12. 12. 69. Kl.: 42k, 50. A.-Z.: 1260566/28–12.
USP 3475956. Verfahren und Vorrichtung zur Aufdeckung von Löchern in einer sich bewegenden Bahn. Erf.: *Arthur C. Langlois* u. *Paul D. Ziegenhagen.* Inh.: Consolidated Papers Inc., Wisconsin Rapids, Wis. A. 1. 12. 67, B. 4. 11. 69. Kl.: 73–159, Int. Kl.: G 01l 5/04, 7/08 u. G 01b 13/04. 13 Anspr. A.-Z.: 687189.

Klasse 47k. Allgemein anwendbare Verfahren und Vorrichtungen zum Bewegen, Führen und Speichern, z. B. Wickeln von faden-, draht-, seil-, kabel-, schlauch-, band- oder bahnförmigem Gut (teilweise)

USP 3478399. Vorrichtung zum Aufspulen textiler Produkte. Erf.: *William Kirk Wyatt, Edward G. Mueller* u. *William H. Hebrank.* Inh.: Turbo Machine Co., Lansdale, Pa. A. 19. 6. 67, B. 18. 11. 69. Kl.: 28–21, Int. Kl.: B 65h 51/02 u. 55/00. 15 Anspr. A.-Z.: 650094.
SvP 312706. Vorrichtung an Haspeln zum Aufhaspeln von vorzugsweise schnellaufendem strangförmigem Material. Erf.: *P. S. E. Fredriksson.* Inh.: Aktiebolaget Svenska Metallverken, Västeras. A. 20. 4. 67, B. 21. 7. 69. Int. Kl.: B 65h 75/28. A.-Z.: 5591/67.
SvP 312046. Vorrichtung an Antriebsspindeln. Erf.: *T. Gadde* u. *S. G. Boström.* Inh.: Aktiebolaget Åmåls gjuteri & mekaniska Verkstad, Åmål. A. 14. 8. 63, B. 30. 6. 69. Int. Kl.: B 65h 19/30. A.-Z.: 6463/63.

Klasse 55b. Verfahren zur Herstellung von Zellstoff, Zellstoffkocher, Wiedergewinnung der Ablauge und Abgase

DOS 1517163. Verfahren zum Aufschließen von Zellulose. Erf.: *John R. G. Bryce* u. *Theodor N. Kleinert.* Anm.: Domtar Ltd., Montreal; Pulp and Paper Research Institute of Canada, Quebec (Ca.). A. 21. 6. 65, O. 4. 9. 69. Kl.: 55b, 1/01. A.-Z.: P 1517163 (B 82494). Prior.: 20. 6. 64 (Ca; A.-Z.: 905578). Entspr. SvP 310454 u. USP 3448002.
SvP 312970. Verfahren zur Regelung und Erhöhung der Ausbeute bei der Herstellung von Zellstoff oder Papiermasse. Erf.: *L. Pihl* u. *I. Olsson.* A. 6. 12. 65, B. 28. 7. 69. Int. Kl.: D 21c 3/00. A.-Z.: 15776/65.
JaP 26401. Zellstoffbrei. Inh.: Watanabe, S. A. 19. 7. 65, B. 6. 11. 69. Kl.: 39A. A.-Z.: 43813/65.
JaP 26961/69. Sulfitzellstoffablauge. Inh.: Sanyo Pulp Co., Ltd. A. 13. 6. 66, B. 10. 11. 69. Kl.: 39A. A.-Z.0 37935/66.
SUP 260399 (Urheberschein). Dämpfvorrichtung. Erf.: *V. S. Pisarenko V. N. Levit* u. *V. G. Andreev.* Inh.: Vsesojuznyj naučno-issledovatel'skij Institut celljulozno-bumažnoj Promyšlennosti. A. 22. 7. 68, B. 22. 12. 69. Int. Kl.: D 21c. A.-Z.: 1261491/29–33.
JaP 30991/69. Kationisches hochmolekulares Flockmittel. Inh.: Kurita Industrial Co. A. 23. 2. 66, B. 12. 12. 69. Kl.: 26D. A.-Z.: 10921/66.
JaP 30992/69. Kationisches hochmolekulares Flockmittel. Inh.: Kurita Industrial Co. A. 26. 2. 66, B. 12. 12. 69. Kl.: 26D. A.-Z.: 11620/66.
SvP 311468. Verfahren zur Herabsetzung des Harzgehaltes beim alkalischen Aufschluß von Holz, vozugsweise Laubholz. Erf.: *F. E. Gärtner* u. *F. A. Kolosh.* Inh.: Mo och Domsjö AB, Örnsköldsvik. A. 6. 5. 65, B. 9. 6. 69. Int. Kl.: D 21c 1/06. A.-Z.: 5960/65.
SvP 315485. Verfahren zur Herstellung von chemischer Zellstoffmasse aus Holz. Erf.: *K. J. Ljungqvist.* Inh.: Uddeholms AB, Uddeholm. A. 16. 9. 68, B. 29. 9. 69. Int. Kl.: D 21c 3/06. A.-Z.: 12431/68.
DOS 1517206. Verfahren zur Gewinnung von Textilzellstoff aus nichtentrindetem Buchenholz. Erf. nicht genannt. Anm.: Phrix-Werke AG, 2000 Hamburg. A. 24. 3. 64, O. 4. 9. 69. Kl.: 55b, 1/20. A.-Z.: P 1517206 (P 33902).
SvP 318180. Kontinuierlicher Zellstoffkocher mit zwei getrennten Masseauslauföffnungen. Erf.: *J. C. F. C. Richter.* Inh.: Kamyr AB, Karlstad. A. 16. 5. 67, B. 1. 12. 69. Kl.: 55b, 2/10, Int. Kl.: D 21c 7/00. A.-Z.: 6788/67.
USP 3475271. Zellstoffkocher mit Waschvorrichtung. Erf.: *Oliver A. Laakso.* Inh.: Aktiebolaget Kamyr, Karlstad (Sv). A. 7. 2. 66, B. 28. 10. 69. Kl.: 162–242, Int. Kl.: D 21c 7/00. 13 Anspr. A.-Z.: 525653.
DOS 1517164. Verfahren zum Verbrennen von Sulfitablauge in Brennkammern. Erf.: *Erich Nötzold, Heinrich Merten* u. *Ottmar Schwarz.* Anm.: Bergwerksverband GmbH, 4300 Essen. A. 28. 7. 65, O. 4. 9. 69. Kl.: 55b, 3/01. A.-Z.: P 1517164 (B 83007).
SvP 318471. Verfahren zum Kristallisieren von Alkali in Form von Carbonat aus einer Lösung der Schmelze bei der Zellstoffherstellung. Erf.: *K. R. T. Kiminki* u. *L. K. Keskinen.* Inh.: OY Tampella AB, Reinola (Fi). A. 25. 5. 67, B. 8. 12. 69. Kl.: 55b, 3/20, Int. Kl.: D 21c 11/02. A.-Z.: 7388/67. Prior.: 25. 5. 66 (Fi; A.-Z.: 1370).
SvP 317571. Verfahren zur Rückgewinnung von Wärme aus einer Luft/Wasserdampf-Mischung vom Schmelze-Auflöser beim Sodahausaggregat. Erf.: *A. Vegeby.* Inh.: Aktiebolaget Svenska Fläktfabriken, Stockholm. A. 29. 7. 66, B. 17. 11. 69. Kl.: 55b, 3/40, Int. Kl.: D 21c 11/04. A.-Z.: 10314/66.
SvP 317864. Verfahren zur Behandlung einer Zellstoffmasse, vorzugsweise einer ungebleichten Sulfatmasse, zur Überführung derselben von der Suspension bis zum getrockneten Produkt. Erf.: *C. A. Berholm, K. F. Sylia, G. E. Malm* u. *J. Aström.* Inh.: Svenska Cellulosa AB, Sundsvall. A. 5. 10. 63, B. 24. 11. 69. Kl.: 55b, 5/01, Int. Kl.: D 21c 9/18. A.-Z.: 10927/63.

Klasse 55c. Bleichen, Leimen, Färben, Füllen, Beschweren von Papierstoff und Zellstoff, Holländer, Stoffmühlen, Zellstoffaufschließer (teilweise)

DOS 1546283. Vorrichtung zur Behandlung von Zellstoffpasten mit oxydierenden Reagenzien. Erf.: *Franco Nardi.* Anm.: Società Agricola Industriale per la Cellulosa Italiana S. p. A., Mailand (It). A. 14. 6. 66, O. 25. 9. 69. Kl.: 55c, 1. A.-Z.: P 1546283 (S 104283). Prior.: 25. 10. 65 (It; A.-Z.: 14803).
SvP 311109. Verfahren zur Herstellung von Viskosemasse. Erf.: *S. Göransson.* Inh.: Billeruds AB, Säffle. A. 30. 11. 67, B. 27. 5. 69. Int. Kl.: D 21c 9/10. A.-Z.: 16437/67.
SvP 314286. Verfahren zum Bleichen von chemischer Zellstoffmasse mit Chlordioxid. Erf.: *F. H. Yorston* u. *N. Liebergott.* Inh.: Pulp and Paper Research Institute of Canada, Quebec (Ca). A. 3. 8. 65, B. 1. 9. 69. Int. Kl.: D 21c 9/14. A.-Z.: 10166/65. Prior.: 7. 8. 64 (Ca; A.-Z.: 908947).
SvP 315191. Verfahren zum Bleichen von cellulosehaltigen Stoffen oder Stoffmischungen. Erf.: *G. A. Wigren.* A. 30. 11. 64, B. 22. 9. 69. Int. Kl.: D 21c 9/10. A.-Z.: 14446/64.
USP 3481827 Zus. z. Pat. m. A.-Z.: 582177. A. 25. 8. 66. Verfahren zum Bleichen von Holzzellstoff mit Fluor, Fluorwasserstoffsäure und Difluormonoxid. Erf.: *Arthur M. Brooks.* Inh.: W. R. Grace & Co., New York, N. Y. A. 2. 8. 68, B. 2. 12. 69. Kl.: 162–63, Int. Kl.: D 21c 9/12. 5 Anspr. A.-Z.: 749620. A.-Z.: 582177 vgl. auch USP 3481826.

Literaturschau

Auszug aus Lieferung 15 und 16/1970 der Referatekartei „Faserstoffe und Textiltechnik", zusammengestellt von der Abteilung Wissenschaftliches Berichtswesen des Instituts für Faserstoff-Forschung der DAW, 153 Teltow-Seehof, Kantstr. 55

I. Wissenschaftliche Grundlagen

Mori, S., Furusawa, M., Takeuchi, T.: Reduktions-gaschromatographische Bestimmung von cyclischen Monomeren und Oligomeren in Polyamiden. Analytic. Chem. **42** (1970) 6, S. 661–662.

Physik und Chemie der Hochpolymeren

Kaufman, M.: PVC – Eine historische Studie. Wiss. Z. techn. Univ. Dresden **18** (1969) 5, S. 819–823.
Hastings, G. W.: Makromolekulare Chemie und Medizin. Angew. Chemie **82** (1970) 10, S. 367–379.
Markert, G.: Viskosität konzentrierter Polyelektrolytlösungen. Angew. makromol. Chemie, Basel **11** (1970) S. 85–90.
Bird, R. B., Johnson, M. W., jr., Curtiss, Ch. F.: Bestimmung von Potentialströmungen verdünnter Polymerlösungen nach dem Verfahren von Kramers. J. chem. Physics **51** (1969) 7, S. 3023–3026.
Onogi, Sh., Masuda, T., Kitagawa, K.: Rheologische Eigenschaften von anionischem Polystyrol. I. Dynamische Viskoelastizität von Polystyrolen mit statistischer Verteilung der relativen Molekülmassen. Macromolecules, Washington **3** (1970) 2, S. 109–116.
Nagy, A.: Bestimmung des Molekulargewichts und der Molekulargewichtsverteilung von Polypropylen mit Hilfe der Ultrazentrifuge. Plaste u. Kautschuk **17** (1970) 6, S. 409–412.
Timofeeva, G. I., Dubrovina, L. V., Men'šov, V. M.: Bestimmung der relativen Molekülmasse auf Grund der Sedimentations-, Diffusions- und Viskositätsdaten. Vysokomol. Soed. (Hochmol. Verbind.) Serie A **12** (1970) 6, S. 1374–1378.
Agrawal, J. P., Sourirajan, S.: Spezifikation, Selektivität und Leistung von porösen Celluloseacetatmembranen in der umgekehrten Osmose. IEC. Ind. engng. Chem./Proc. Design Development 8 (1969) 4, S. 439 bis 449.
Siegel, R., Coughlin, R. W.: Permeabilitätserhöhung von Polymermembranen durch Bestrahlung im vollständig gequollenen Zustand. Nature, London **226** (1970) 5249, S. 938–940.
Jellinek, H. H. G., Lipovac, S. N.: Diffusionskontrollierter oxydativer Abbau von isotaktischem Polystyrol bei hohen Temperaturen. I. Experimentelle Durchführung und Ergebnisse. II. Kinetik und Mechanismus. Macromolecules, Washington **3** (1970) 2, S. 231–237; 237–242.
Nabojkin, Ju. V., Ogurcova, L. A., Podgornyj, A. P., Pokrovskaja, F. S., Grigor'eva, V. I., Krasovickij, B. M., Kucyna, L. M., Tiščenko, V. G.: Spektrale und energetische Laser-Kriterien auf organischen Molekülen in Polymeren und Toluol. Optika i Spektroskopija, Moskva **28** (1970) 5, S. 974–985.
Boustead, I.: Temperatur der Fluoreszenzlöschung bei Polyäthylen. European Polymer J. **6** (1970) 5, S. 731–741.
Wahl, Ph., Meyer, G., Parrod, J.: Untersuchung der Brownschen Depolarisation während der Abnahme der Fluoreszenz von Vinylpolymeren. European Polymer J. **6** (1970) 4, S. 585–608 (franz.).
Tarakanov, O. G., Tul'guk, Z. D., Milivskaja, R. A.: Interstrukturelle Plastifizierung von Cellulose-2½-acetat. Vysokomol. Soed. (Hochmol. Verbind.) Serie B: Kratkie Soobšč. (Kurzmitt.) **12** (1970) 6, S. 413–416.
Brüssau, R. J., Stein, D. J.: Abhängigkeit der UV-Absorption binärer Styrol-Copolymerisate von der Länge der Styrolsequenzen. Angew. makromol. Chemie, Basel **12** (1970) S. 59–71.
Waterman, D. C., Dole, M.: UV- und IR-Untersuchungen an freien Radikalen in bestrahltem Polyäthylen. J. physic. Chem. **74** (1970) 9, S. 1906 bis 1912.
Fedin, E. I.: NMR und seine Anwendungen bei chemischen Untersuchungen. Usp. Chimii (Fortschr. d. Chemie) **39** (1970) 5, S. 829–879.
Lütje, H.: Kernmagnetische Relaxation in Polymerlösungen bei präferentieller Solvatation. Makromol. Chemie **133** (1970) S. 295–298.
Liu, K.-J., Anderson, J. E.: Wirkung des Lösungsmittels auf die magnetische Protonenrelaxation von Polyäthylenoxid. Macromolecules, Washington **3** (1970) 2, S. 163–164.
Dautzenberg, H.: Lichtstreuung an mäßig konzentrierten Polystyrollösungen. Teil II. Einfluß der Präparationsbedingungen. Faserforsch. u. Textiltechnik **21** (1970) 8, S. 341–347.
Červenka, A., Kratochvíl, P.: Lichtstreuung. XXI. Kontinuierliche Untersuchung von einigen Polymerisationsreaktionen durch Bestimmung der Veränderung der relativen Molekülmasse durch Lichtstreuung. Coll. czechoslov. chem. Commun. **35** (1970) 6, S. 1695–1707 (engl.).
Johari, D. P.: Die Herstellung von ultradünnen Filmen für die Elektronenmikroskopie. Textile Res. J. **40** (1970) 3, S. 293–294.

Micheleva, G. A., Vlasov, A. V.: Elektronenmikroskopische Untersuchung von zweischichtigen Fäden unter Anwendung des Ionenätzverfahrens zur Kontrastierung der Schnitte. Vysokomol. Soed. (Hochmol. Verbind.) Serie B: Kratkie Soobšč. (Kurzmitt.) **12** (1970) 5, S. 363–366.

Kargin, V. A., Gorina, I. I.: Elektronenmikroskopische Untersuchung des mehrachsigen Reckvorganges bei dünnen Polyproplyenfolien. Vysokomol. Soed. (Hochmol. Verbind.) Serie B: Kratkie Soobšč. (Kurzmitt.) **12** (1970) 5, S. 353–358.

Jayme, G., Roffael, E.: Die Anwendung des WRV-Wertes zur Erfassung von Strukturänderungen der Cellulose. Papier **24** (1970) 6, S. 335–340.

Wilke, W., Vogel, W., Hosemann, R.: Die Bestimmung des Gestalt- und Fluktuationstensors aus den Linienbreiten im Röntgenweitwinkeldiagramm des Polyäthylens. Kolloid-Z. u. Z. Polymers **237** (1970) 2, S. 317 bis 325.

Vlasov, S. V., Sagalaev, G. V., Tkačenko, I. K., Koreckij, I. M., Semenov, V. G.: Über den Zusammenhang zwischen den Grundparametern der einachsigen Orientierung von Lavsanfolien. Plast. Massy, Moskva (Plast. Massen) (1970) 6, S. 27–29.

Millward, G. R.: Die Struktur von α-Keratin-Mikrofibrillen. J. Ultrastructure Res. **31** (1970) 3/4, S. 349–355.

Čerkasov, A. N., Klenin, S. I., Andreeva, G. A.: Untersuchung der strukturellen Uneinheitlichkeit von Pfropfcopolymeren mit Hilfe der Diffusionsmethode. Vysokomol. Soed. (Hochmol. Verbind.) Serie A **12** (1970) 6, S. 1223–1232.

Buck, M.: Zur Definition der chemischen Uneinheitlichkeit von Copolymerisaten. Angew. makromol. Chemie. Basel **11** (1970) S. 63–72.

Welsh, H. K.: Kettenverdrehung in langkettigen, aliphatischen Verbindungen und Polyäthylen. J. Polymer Sci., A-1: Polymer Chem. **8** (1970) 2, S. 289–293.

Peterlin, A., Ingram, P.: Morphologische und Sekundärwand-Fibrillen der Baumwolle. Textile Res. J. **40** (1970) 4, S. 345–354.

Atkinson, A. W., Gettins, R. B.; Rickards, A. L.: Bestimmung der Fibrillenlänge in Chrysotil-Asbestfaserstoff. Nature, London **226** (1970) 5249, S. 937–938.

Bandurjan, S. I., Papkov, S. P., Iovleva, M. M.: Abhängigkeit der Struktur von Viskosefolien von ihren Herstellungsbedingungen. Vysokomol. Soed. (Hochmol. Verbind.) Serie A **12** (1970) 6, S. 1384–1387.

Očkivskij, A. P., Mel'nik, T. S., Vdovičenko, A. A., Bezruk, L. I.: Morphologie der Querstreifigkeit von Kapronfaserstoffen. Vysokomol. Soed. (Hochmol. Verbind.) Serie B: Kratkie Soobšč. (Kurzmitt.) **12** (1970) 6, S. 404–405.

Patel, G. N., Patel, R. D.: Wachstumsmechanismus von Polymerhedriten. European Polymer J. **6** (1970) 5, S. 657–662.

Eisenberg, A.: Schwarmbildung von Ionen in organischen Polymeren. Eine theoretische Näherung. Macromolecules, Washington **3** (1970) 2, S. 147 bis 154.

Gumen, R. G., Kazarjan, L. G., Kovriga, V. V.: Über die Abhängigkeit der physikalisch-mechanischen Eigenschaften von Polyformaldehyd von den Abmessungen seiner Sphärolithe und Kristallite im Block. Plast. Massy, Moskva (Plast. Massen) (1970) 6, S. 40–44.

Binsbergen, F. L.: Heterogene Keimbildung bei der Kristallisation von Polyolefinen. Teil 1. Chemische und physikalische Natur der Keimbildner. Polymer, London **11** (1970) 5, S. 253–267.

Romankevič, O. V., Judin, A. V.: Kristallisation im System Polyoxymethylen/Polyamid. Vysokomol. Soed. (Hochmol. Verbind.) Serie B: Kratkie Soobšč. (Kurzmitt.) **12** (1970) 5, S. 368–370.

Pennings, A. J., Pijpers, M. F. J.: Zur Kristallisationskinetik von Polymeren aus gerührten Lösungen. Macromolecules, Washington **3** (1970) 2, S. 261–262.

Ueberreiter, K.: Kristallisationskinetik von Polymeren. VIII. Mitteilung: Kristallisationskinetische Analyse eines Polyäthylensuccinates mit Lösungsmittelzusätzen. Kolloid-Z. u. Z. Polymere **237** (1970) 1, S. 200–208.

Huglin, M. B., Smith, J.: Einige Beobachtungen über den Bruch von Polyamid 6. Angew. makromol. Chemie, Basel **12** (1970) S. 205–208 (engl.).

Navrátil, M., Majer, J.: Einfluß von Stereoblöcken auf die dynamisch-mechanischen Eigenschaften von Polypropylen. Chem. Prûm., Praha (Chem. Ind.) **20(45)** (1970) 6, S. 277–278.

Sanmartin, P., Regine, N.: Vorschlag einer Methode für die Berechnung des Schmelzpunktes einer reinen Substanz. J. thermal Analysis, Budapest/London **1** (1969) 4, S. 403–411 (engl.).

Jones, J. I.: Hochtemperaturbeständige organische Polymere. Chem. in Britain **6** (1970) 6, S. 251–259.

Gianotti, G., Capizzi, A.: Thermodynamische Daten für einige geradzahlige trans-Polyalkylenamere. European Polymer J. **6** (1970) 5, S. 743–749.

Stehling, F. C., Mandelkern, L.: Einfriertemperatur von linearem Polyäthylen. Macromolecules, Washington **3** (1970) 2, S. 242–252.

Robinson, D. E., Higinbotham, A. E., Wankat, P. C.: Beschleunigte Trocknung von Polymerfilmen bei erhöhtem Druck. IEC. Ind. engng. Chem./Proc. Design Development **8** (1969) 4, S. 502–508.

Wunderlich, W.: Lösungseigenschaften von statistischen Copolymeren aus Methylmethacrylat und n-Butylacrylat. Angew. makromol. Chemie, Basel **11** (1970) S. 73–83.

Bullock, A. L., Rowland, St. P., Vidabelle, O. C.: Beweis für die relativen Aktivierungen und Zugänglichkeiten cellulosischer Hydroxylgruppen. Textile Res. J. **40** (1970) 4, S. 313–317.

Bekičev, V. I., Bartenev, G. M.: Über die Natur der dielektrischen Verluste im Polyäthylenterephthalat. Vysokomol. Soed. (Hochmol. Verbind.) Serie A **12** (1970) 6, S. 1240–1245.

Hübner, K., Kollinsky, F.: Untersuchungen zum Kondensationsmechanismus von Copolymerisaten mit freien und verkappten Methylolamidgruppen. Angew. makromol. Chemie, Basel **11** (1970) S. 125–134.

Kleber, R.: Über den Chemismus alkalischer Vernetzungen. Textilveredlung, Weinfelden/Schweiz **5** (1970) 5, S. 354–360.

Patzig, D., Kleinert, R., Neunert, J.: Kontinuierliche pH-Messung mittels selbstreinigender Elektrode. Zellstoff u. Papier **19** (1970) 5, S. 137 bis 141.

Pottenger, Ch. R., Johnson, D. C.: Mechanismus der Oxydation von Glucose und Cellulose durch Cer(IV). J. Polymer Sci., A-1: Polymer Chem. **8** (1970) 2, S. 301–318.

Richters, P.: Initiierung bei der Oxydation von Polypropylen. Macromolecules, Washington **3** (1970) 2, S. 262–265.

Carraher, Ch. E., jr., Krueger, C. W.: Thermo-oxydative Stabilität von einigen Polyphosphonylharnstoffen. Makromol. Chemie **133** (1970) S. 219 bis 225 (engl.).

Balabán, L., Majer, J., Rysavý, D., Sláma, Z.: Der Einfluß von Titanverbindungen auf die Stabilität von Polypropylen. Kunststoffe **60** (1970) 5, S. 341–343.

Cicchetti, O.: Über die Mechanismen des photoinduzierten oxydativen Abbaues und der UV-Stabilisierung von Polyolefinen. Advances Polymer Sci./Fortschritte Hochpolymeren-Forsch. **7** (1970) 1, S. 70–112 (engl.).

Koningsveld, R.: Präparative und analytische Aspekte der Fraktionierung von Polymeren. Advances Polymer Sci./Fortschritte Hochpolymeren-Forsch. **7** (1970) 1, S. 1–69 (engl.).

McNeill, I. C., Neil, D.: Abbau von Polymermischungen. III. Untersuchung von Polyvinylchlorid/Polymethylmethacrylat-Mischungen durch thermische Verflüchtigungsanalyse und andere Verfahren. Die Art der Reaktionsprodukte und der Wechselwirkungsmechanismus der Polymeren. European Polymer J. **6** (1970) 4, S. 569–583.

Šalabi, S. E., Gabrieljan, G. A., Konkin, A. A.: Polymeranaloge Umwandlungen der Nitrilgruppen im Polyacrylnitril in die Thioamidgruppen. Vysokomol. Soed. (Hochmol. Verbind.) Serie B: Kratkie Soobšč. (Kurzmitt.) **12** (1970) 6, S. 421–425.

Šaraj, T. A., Arsen'ev, A. N., Belousov, Ju. Ja., Chavkina, B. L., Michajlov N. V.: Untersuchung der Filmbildung aus wäßrigen Dispersionen fadenbildender Polymerer. Kolloid. Z., Moskva **32** (1970) 3, S. 448–450.

Gänzler, W., Huch, P., Metzger, W., Schröder, G.: Die polymeranaloge Bildung von Imidgruppen in Methacrylsäure/Methacrylnitril-Copolymeren. Angew. makromol. Chemie, Basel **11** (1970) S. 91–108.

Gačkovskij, V. F.: Über die Umwandlungen von Polyacrylnitril bei der Pyrolyse an der Luft. Vysokomol. Soed. (Hochmol. Verbind.) Serie B: Kratkie Soobšč. (Kurzmitt.) **12** (1970) 6, S. 411–413.

Patscheke, G., Zenker, R.: Über die Beziehungen von Cellulose- und Zugholzgehalt des Pappelholzes. Faserforsch. u. Textiltechnik **21** (1970) 8, S. 332–338.

Klöpffer, W.: Excitonen in Polymeren. Technik i. Bild (1970) 24, S. 12 bis 13. In: VDI-Nachr. **24** (1970) 24.

Physik und Chemie der Monomeren und Oligomeren

Gol'dfarb, Ja. L., Jakovlev, I. P., Čizov, O. S.: Physikalisch-chemische Untersuchung von Thiophencaprolactam und Thiophenönenthollactam. Mitt. 1: IR-Spektren. Izv. Akad. Nauk SSSR, Serija chim. (Nachr. Akad. Wiss. UdSSR, Chemie) (1970) 5, S. 1011–1014.

Vlk, O.: Caprolactam. Chem. Prûm., Praha (Chem. Ind.) **20(45)** (1970) 6, S. 301–304.

Chung, Y. J., Takeda, K., Williams, F.: Einfluß der kristallinen Form auf das ESR-Spektrum bei 77 °K γ-bestrahltem Acrylnitril. Beobachtung von photosensibilisierten Zentren bei der Tieftemperaturphase. Macromolecules, Washington **3** (1970) 2, S. 264–265.

Möller, D., Heckner, K.-H.: Polarographische Untersuchung der Hydrolyse des Cyclohexanonoxims. Z. Chemie **10** (1970) 6, S. 225–226.

Mazitov, M. F., Goleček, A. A., Portnov, Ju. T., Channanov, T. M.: Optimierung des Dehydratisierungsvorganges von Pyromellithsäure zu Pyromellithsäureanhydrid. Zavodsk. Labor. Moskva (Betriebslabor) **36** (1970) 5, S. 580–582.

Beránek, L., Bazent, V.: Disproportionierung von Kaliumbenzoat in Kaliumterephthalat und Benzol. Chem. Prûm., Praha (Chem. Ind.) **20(45)** (1970) 6, S. 261–266.

Pénisson, R., Zahn, H.: Synthese und Eigenschaften von Äthylenterephthalat-Pleionomeren. Makromol. Chemie **133** (1970) S. 25–39. 49. Mitt. über Oligomere und Pleionomere.

Polymerisation

Munzer, M.: Bestimmung der Radikalausbeute bei der radikalischen Polymerisation. Angew. makromol. Chemie, Basel **11** (1970) S. 1–14.

Kretz, R.: Bestimmung von Copolymerisationsparametern durch Radiotracertechnik. Angew. makromol. Chemie, Basel **11** (1970) S. 41–52.

Šváb, J., Friml, K., Slanarová, E.: Analyse des katalytischen Systems Vanadiumhalogenid/aluminiumorganische Verbindung nach dem Sanderson-Verfahren. Chem. Prûm., Praha (Chem. Ind.) **20(45)** (1970) 5, S. 214 bis 218.

Meyer, K., Reichert, K.H.: Zur Bildung und Konzentration der aktiven Spezies löslicher Ziegler/Natta-Katalysatoren. Angew. makromol. Chemie, Basel **12** (1970) S. 175–183.

Agherghinei, I.: Sequenzlängenverteilung bei der binären Copolymerisation. Cellulose Chem. Technology, Jassy/Rum. **4** (1970) 1, S. 37–61 (franz.).

Akovbjan, E. M., Gal'brajch, L. S., Ochlobystin, O. Ju., Rogovin, Z. A.: Synthese neuer Cellulosederivate unter Heranziehung von Verfahren der elementorganischen Chemie. Cellulose Chem. Technology, Jassy/Rum. **4** (1970) 1, S. 9–21 (russ.).

Nazar'ina, L. A., Ochlobystin, O. Ju., Rogovin, Z. A.: Synthese bleiorganischer Derivate der Cellulose. Vysokomol. Soed. (Hochmol. Verbind.) Serie B: Kratkie Soobšč. (Kurzmitt.) **12** (1970) 6, S. 459–460.

Hofmann, P., Raschdorf, F.: Beitrag zur Beschreibung der Reaktionen von Flammschutzmitteln mit Baumwolle und Polyester im Bereich der Pyrolyse. Textilveredlung, Weinfelden/Schweiz **5** (1970) 6, S. 486–497.

Dackevič, L. A., Cheruvimova, V. G., Kolesnikov, G. S.: Polyesterurethane aus Estern der Terephthalsäure. Plast. Massy, Moskva (Plast. Massen) (1970) 6, S. 18–20.

Haas, H., Hilgeroth, E.: Einfluß der Trocknungsbedingungen auf die Migration von Farbstoffen oder Kunstharzen bei Geweben aus Cellulosefasern und Polyester/Cellulose-Mischgeweben. Melliand Textilber. internat. **51** (1970) 7, S. 829–834.

Griehl, W., Ruestem, D.: Polyamid-12-Herstellung, Eigenschaften und Anwendungen. IEC .Ind. engng. Chem. **62** (1970) 3, S. 16–22.

Evers, R. C.: Synthese und Charakterisierung von Polyiminobenzothiazolen. J. Polymer Sci., A-1: Polymer Chem. **8** (1970) 2, S. 563–576.

Mengoli, G., Vidotto, G.: Elektrochemisch hergestellte nitroaromatische Radikalanionen als Initiatoren bei der Methylvinylketonpolymerisation. Makromol. Chemie **133** (1970) S. 279–288. (engl.)

Förster, H. J., Manecke, G.: Über polymere acide Kohlenwasserstoffe. Synthese und Eigenschaften von Polymeren des 9-[2-Vinylfluorenyliden-methyl]-fluorens. Makromol. Chemie **133** (1970) S. 53–60.

Marininin, V. G., Bort, D. N., Kalimin, A. I., Kargin, V. A.: Zur Frage des Einflusses der Oberfläche der polymeren Phase auf die Polymerisationsgeschwindigkeit von Vinylchlorid in der Masse. Vysokomol. Soed. (Hochmol. Verbind.) Serie B: Kratkie Soobšč. (Kurzmitt.) **12** (1970) 5, S. 391–395.

Bevington, J. C., Harris, D. O., Rankin, F. S.: Anionische Copolymerisation von Methyl- und Cyclohexylmethacrylaten. European Polymer J. **6** (1970) 5, S. 725–729.
Howard, G. J., Kim, S. R., Peters, R. H.: Pfropfpolymerisation von Methacrylsäure auf Polyamid-6-Filme. J. Soc. Dyers Colourists **85** (1969) 10, S. 468–473.
Munzer, M.: Bestimmung der Temperaturabhängigkeit der Inhibierungsperiode und der Radikalbildungskonstante von AIBN bei der Polymerisation von Methylmethacrylat. Angew. makromol. Chemie, Basel **11** (1970) S. 15–26.
Yabumoto, Sh., Ishii, K., Arita, K.: Alternierende Copolymerisation von polaren Vinylmonomeren in Gegenwart von Zinkchlorid. III. NMR-Untersuchung eines Methylmethacrylat/Styrol-Copolymeren. J. Polymer Sci., A-1: Polymer Chem. **8** (1970) 2, S. 295–300.
Kurze, J., Stein, D. J., Šimák, P., Kaiser, R.: Über die Konstitution der Styrololigomeren aus der thermischen Polymerisation. Angew. makromol. Chemie, Basel **12** (1970) S. 25–41.
Borisov, G., Sivriev, Chr., Cvetkov, E. N., Kabačnik, M. I.: Herstellung von Polymeren aus Di-(4-carboxyphenoxymethyl)methylphosphinoxid. Vysokomol. Soed. (Hochmol. Verbind.) Serie A **12** (1970) 3, S. 620–625.

II. Faserstoffe. Ausgangsstoffe usw.

Rau, J. H.: Über reaktive Fasern. Melliand Textilber. internat. **51** (1970) 7, S. 820–825.
Hansen, H.: Argumente zugunsten der Verwendung von Mischgarnen aus Diolen/Leinen. Panorama tessile, Milano **6** (1969) 44, S. 10–12, 14.

Naturfaserstoffe

Tierische Faserstoffe

Trends in den 70er Jahren. Internat. Dyer, Textile Printer, Bleacher, Finisher **143** (1970) 5, S. 315.
Arsen'ev, N. N.: Vergangenheit, Gegenwart und Zukunft der Seidenindustrie. Tekstil. Prom., Moskva (Textil-Ind.) **30** (1970) 4, S. 72–77.

Chemiefaserstoffe

Wiessner, P., Philipp, B.: Untersuchungen zur Filterwert-Bestimmung von Zellulosetriazetat-Lösungen und zur Analytik von Linterszellstoffen. Zellstoff u. Papier **19** (1970) 5, S. 141–147.

Cellulose und Zellstoff

Young, W. D., Laidlaw, R. A., Packman, D. F.: Aufschluß von aus England stammenden Nadelhölzern. Teil VI. Das Aufschlußverhalten von Druckholz der Sitka-Fichte. Holzforsch. **24** (1970) 3, S. 86–98 (engl.).
Schmied, J.: Modellbildung als Grundlage für die optimale Projektierung einer Zellstofferzeugungsanlage. Zellstoff u. Papier **19** (1970) 7, S. 209 bis 213.
Janson, J.: Berechnung der Polysaccharidzusammensetzung von Holz und Zellstoff. Paperi ja Puu, Helsinki (Papier u. Holz **52** (1970) 5, S. 323–326, 328–329 (engl.).
Hansson, J.-A.: Sorption von Hemicellulosen durch Cellulosefasern. Teil 2. Sorption von Glucomannan. Holzforsch. **14** (1970) 3, S. 77–83 (engl.).

Regeneratfaserstoffe

Treiber, E.: Zur Beurteilung der Eigenschaften von Viskoselösungen. Lenzinger Ber., Lenzing/Österr. (1970) 29, S. 26–32.
Šor, M. E., Sokolovskij, B. B., Vojlukova, G. A.: Zusammenlegung der Alkalisierungs- und Abbauprozesse der Alkalicellulose. Chim. Volokna (Chem. Fasern) (1970) 3, S. 18–20.
Kraessig, H. A.: Entwicklungsrichtungen in der europäischen Cellulosefaserstoffindustrie. IEC. Ind. engng. Chem. **62** (1970) 3, S. 4–12.
Rjabuškin, A. V., Serkov, A. T., Korčagina, E. V.: Hydrodynamischer Widerstand des Fällbades beim Erspinnen von Viskosecord. Chim. Volokna (Chem. Fasern) (1970) 3, S. 25–27.
Sretenskaja, G. V., Talaeva, G. V.: Untersuchung der Korrosionsbeständigkeit metallischer Materialien bei der Triacetatfaserstoffherstellung. Chim. Volokna (Chem. Fasern) (1970) 3, S. 55–58.
Biber, B. L., Konkin, A. A.: Untersuchung der Möglichkeit des Erspinnens von Faserstoffen aus Pfropfcopolymeren der Cellulose mit Polyvinylalkohol. 4. Mitt.: Über die Herstellung von Faserstoffen aus Pfropf. copolymeren der Cellulose mit PVA. Chim. Volokna (Chem. Fasern) (1970) 3, S. 31–33.

Synthetische Faserstoffe

Levickij, B. P.: Über Düsen zum Erspinnen von Synthesefaserstoffen. Chim. Volokna (Chem. Fasern) (1970) 3, S. 51–53.
Morimoto, S.: Naturseidenähnlicher Faserstoff K-6 (Chinon). IEC. Ind. engng. Chem. **62** (1970) 3, S. 23–32.
Mal'ceva, N. G., Solovec, G. M., Bel'skij, V. V.: Anwendung von Antiseptika zur Erhöhung der Haltbarkeit von Spinnpräparationen für Synthesefaserstoffe. Chim. Volokna (Chem. Fasern) (1970) 3, S. 73.
Kleindienst, M.: Vergleichende Betrachtungen zum Einsatz von reckgezwirnter und nachgezwirnter Polyesterseide bei der Raschelgardinenherstellung. Dt. Textiltechnik **20** (1970) 7, S. 431–438.
Levy, A.: Das fibrillierte Polypropylen: Seine Wirklichkeit. Ind. textile, Paris (1970) 990, S. 323–324.
Dawczynski, H.: Temperaturbeständige Faserstoffe aus organischen Polymeren. Teil I. Wiss. u. Fortschr. **20** (1970) 7, S. 292–296.
Prati, G.: Hitzebeständige Faserstoffe aus Polymeren. Panorama tessile, Milano **6** (1969) 44, S. 5–9.

Künstliche mineralische Faserstoffe

Vohler, O., Reiser, P.-L., Martina, R., Overhoff, D.: Neuartige Kohlenstoffe. Angew. Chemie **82** (1970) 11, S. 401–412.
Heczko, J.: Metallplastische Faserstoffe in der Textilindustrie. Technik włókienn. (Textiltech.) **19** (1970) 5, S. 141–143.

Ausgangsstoffe. Schaumstoffe. Kautschuk

Ein neues Polyamid für transparente Artikel. Kautschuk, Gummi, Kunststoffe **23** (1970) 6, S. 292.
Wake, W. C.: Probleme des Haftens in der Kautschuk-Technologie. Kautschuk, Gummi, Kunststoffe **23** (1970) 6, S. 285–291.

III. Fäden-Herstellungstechnologien

Spinnerei. Zwirnerei

Spinnerei

Kóczy, L., Merényi, G.: Vergleichsprüfungen von Druckwalzenbezügen verschiedener Fabrikate zur Bestimmung ihres Gebrauchswertes. Magyar Textiltechn. **22** (1970) 5, S. 233–235.
Cizek, L.: Neue Perspektiven des Elementenspinnens. Ind. textile, Paris (1970) 990, S. 333–335.
Cervendinev, A., Panov, A., Stoimenova, M.: Untersuchung des Spinnvorgangs und der Maschinen durch Längen-Variationskurven. Tekstil. Prom., Sofija (Textil-Ind.) **19** (1970) 3, S. 14–18.
Sind Füllschachtspeisungen fertig? Textile Ind. **134** (1970) 1, S. 67, 69.
Streck-Spulmaschinen für Synthesegarne. VDI-Nachr. **24** (1970) 24, S. 17.
Wegener, W., Bechlenberg, H.: Regelungstechnische Untersuchungen an der WBZ-Regulierstrecke. Textilindustrie, Mönchengladbach **72** (1970) 7, S. 559–567.

Erzeugnisse der Spinnerei und Zwirnerei

Wegener, W., Ehrler, P.: Die Faseranzahl-Verteilung realer Faserverbände und der Ungleichmäßigkeits-Index „K". Melliand Textilber. internat. **51** (1970) 7, S. 746–750.
Kaspárek, J., Suchomel, J.: Die Offen-End-Garne aus dem Blickwinkel des Webers. Spinner, Weber, Textilveredlung **88** (1970) 7, S. 679–684.
Bognár, G.: Untersuchung der Zusammenhänge zwischen den Ungleichmäßigkeiten der Garne und Zwirne. Magyar Textiltechn. **22** (1970) 5, S. 236–240.

Texturfäden

Geitel, K.: Spezielle Probleme der Prüfung von Texturfäden. Dt. Textiltechnik **20** (1970) 7, S. 454–459.
Texturfäden aus Lyon werden zur Diskussion gestellt. Textile Month (1970) 2, S. 40.

IV. Flächengebilde-Herstellungstechnologien

Kirchenberger, H.: Vergleich der textilen Flächengebilde und deren Einsatz in den einzelnen Warengruppen. Dt. Textiltechnik **20** (1970) 7, S. 427 bis 430.

Materialvorbereitung

Šmíd, J., Smisek, M., Kubiček, A., Bouda, P.: Entwicklung, Erzeugung und Anwendung der modifizierten Stärken der tschechoslowakischen Produktion für Schlichten in der Textilindustrie. Teil II. Textil, Praha **25** (1970) 6, S. 182–183.
Eingebaute Zuverlässigkeit in der Schlichtmaschine. Textile Ind. **134** (1970) 1, S. 40–42.
Ramaszéder, K., Farkas, E., Hirschler, R.: Neuere Gesichtspunkte beim Schlichten von PA-Filamentgarnen. II. Teil. Magyar Textiltechn. **22** (1970) 5, S. 244–249.

Weberei

Bock, S.: Über den Kreuzungsquotienten. Magyar Textiltechn. **22** (1970 5, S. 250–251.
Pressley, R. B.: Fa. Anglo Fabrics: der Welt vielseitigste Strukturweberei. Textile World **120** (1970) 2, S. 40–43.
Erofeev, M. D.: Entwicklung der Weberei in der Wollindustrie. Tekstil. Prom., Moskva (Textil-Ind.) **30** (1970) 4, S. 77–78.
Die Weber brauchen Selbstvertrauen. Textile Month (1970) 2, S. 79.

Weberei-Technologie

Mehrphasen-Webmaschinen. Chemiefasern **20** (1970) 7, S. 576–579.

Erzeugnisse der Weberei

Tidow, K.: Frühgeschichtliche Gewebefunde. Spinner, Weber, Textilveredlung **88** (1970) 7, S. 693–696.
Wittek, G., Börjesson, J.: Das Ausstattungsniveau der Haushalte bei Bettwäsche – Ergebnisse einer Konsumentenbefragung – IM Marktforschung **9** (1970) 3, S. 29–33.

Wirkerei und Strickerei. Konfektionstechnik. Sonstige Technologien

Doughty, J. C.: Stufen beim integralen Stricken. Hosiery Trade J. **77** (1970) 914, S. 109–113.
Speizman, M.: Strumpfmaschinen im Scheinwerferlicht. Textile Ind. **134** (1970) 1, S. 96–98.

Erzeugnisse der Wirkerei und Strickerei

Radu, E., Rez. T., Both, A.: Verbesserung der Verarbeitungseigenschaften von monofiler Polyamidseide Relon auf Strickmaschinen. Ind. textilă, Bucureşti **21** (1970) 6, S. 336–342.
Panorama der Fußbekleidungsindustrie in den USA. Off. Ind. Maille (1970) 53, S. 44–51.
Gál, I.: Die Rolle der Kettengewirke in der Bekleidung. Magyar Textiltechn. **22** (1970) 6, S. 314–322.

Konfektion

Nestler, R.: Entwicklungstendenzen auf dem Gebiet der Bekleidungstechnik und -maschinen. Bekleid. u. Maschenware **9** (1970) 3, S. 103 bis 106.
Strohbach, W., Schnabel, H.: Rationelle Zuschneidemethoden. Bekleid. u. Maschenware **3** (1970) 3, S. 98–100.
Mode für modernes Leben. Hosiery Trade J. **77** (1970) 914, S. 68–69.
Nestler, R.: Das Drehmomentverhalten von Industrie-Nähmaschinen. Teil I. Analyse des Drehmomentverhaltens. Faserforsch. u. Textiltechnik **21** (1970) 8, S. 317–322.

Textilverbundstoffe

Faserverbundstoffe. Vliesstoffe

Für Verbundstoffe: Die Kardier/Wirk-Einheit ATchV-180-2. Ind. textile, Paris (1970) 990, S. 337–340.
Young, G.: Nadelverbundstoffe: Die Probleme der Streifigkeit. Teil I. Ursachen und Wirkung. Textile Month (1970) 2, S. 44–47.
Malimo erobert die Welt. Neuerer, Ausg. A (1970) 6, S. 193–196.
Mark, H.: Moderne Wege zur Formung von Flächengebilden. Lenzinger Ber., Lenzing/Österr. (1970) 29, S. 5–15.

V. Textilveredlung

Bleicherei. Sonstige Vorbehandlungsarbeiten der Textilveredlung

Moryganov, P. V.: Neue Bleichmittel in der Textilindustrie. Z. vsesojuz. chim. Obšč. Mendeleeva (Z. chem. Allunions-Mendelejew-Ges.) **15** (1970), 3, S. 249–257.

Scheller, M.: Weißausrüstung von elastischen Raschelgewirken aus Polyamidseide und Elastomerfäden. Dt. Textiltechnik **20** (1970) 7, S. 443 bis 448.

Färberei

Elzer, P.: Einsatzmöglichkeiten von Reaktivfarbstoffen in vollkontinuierlichen Färbeverfahren. Textilveredlung, Weinfelden/Schweiz **5** (1970) 5, S. 412–417.

Leube, H.: Neue Möglichkeiten zum Färben von Acetat und Triacetat. Melliand Textilber. internat. **51** (1970) 7, S. 807–812.

Beutler: Mehrfarbentechnik beim Stückfärben. Textilis, Gent **26** (1970) 2, S. 18–20, 22–25.

Druckerei

Wie man sich in modische Drucke „hineinbewegt". Textile World **120** (1970) 1, S. 109, 115.

Spannungskontrolle im Textildruck. Internat. Dyer, Textile Printer, Bleacher, Finisher **143** (1970) 5, S. 303.

Ausrüstung. Trocknung

Laš, L., Rada, T.: Eigenschaften und Proben der Textilhilfsmittel — Vernetzungsmittel auf der Basis des Dimethyloldihydroxyethylen-Harnstoffes. Textil, Praha **25** (1970) 6, S. 184–186.

Massányi, St.: Neue Applikationstechniken und Kunststoffe revolutionieren die Textilindustrie und ihre Erzeugnisse. Textilindustrie, Mönchengladbach **72** (1970) 7, S. 574–578.

DeTomaso, P. D.: FC-214 — eine neuentwickelte schmutz- und abriebbeständige fluorchemische Ausrüstung. Textilveredlung, Weinfelden Schweiz **5** (1970) 6, S. 474–480 (engl.).

Brenner, W., Rugg, B., Liu, W.: Die Ablagerung von Polymeren in der Dampfphase und ihre Vernetzung auf der Oberfläche von Baumwollgeweben. Textile Res. J. **40** (1970) 4, S. 318–329.

Neuer Versuch zur chemischen Wollausrüstung. Internat. Dyer, Textile Printer, Bleacher, Finisher **141** (1970) 7, S. 447–449.

Allscher, R.: „Bügelfrei" — Die praktische Bedeutung optimierter Cellulose-Vernetzungsverfahren für selbstglättende, bügelfreie Gewebe aus nativen und regenerierten Cellulosefasern und deren Mischung mit Synthetics. Textilis, Gent **26** (1970) 3, S. 12–22 (dt.).

Berni, R. J., Gonzales, E. J., Benerito, R. R.: Gemischte Katalysensysteme für die Reaktionen von Baumwolle mit Dimethyloläthylenharnstoff oder Dimethyloldihydroxyäthylenharnstoff. Textile Res. J. **40** (1970) 4, S. 377–385.

Thomas, R.: Ein neues Verfahren zur Teilveresterung von Zellulose mit Carbonsäuren unter Praxisbedingungen. Textilveredlung, Weinfelden/ Schweiz **5** (1970) 5, S. 361–368.

Bonkáló, T.: Kontinuierliche Hochtemperatur-Dämpfer. Magyar Textiltechn. **22** (1970) 6, S. 303–310.

Petersen, H.: Neuere Entwicklungen in der Chemie der Vernetzungsmittel. Textile Res. J. **40** (1970) 4, S. 335–344.

López, F. J. M.: Moderne Verfahren zur Herstellung von linearem Alkylbenzol. Analytische Kontrollverfahren. Vergleichende Untersuchungen der Eigenschaften. Invest. Inform. textil. Barcelona **13** (1970) 1, S. 49 bis 72.

Shipman, A. J.: Die Bearbeitung von Textilien mit Lösungsmittel. Textilveredlung, Weinfelden/Schweiz **5** (1970) 6, S. 523–530.

Casotti, H.: Impägniermittel, ihre wirtschaftliche Entwicklung und Anwendung. Galaxia, Buenos Aires (1970) 30, S. 2–16.

Szentpály, T.: Die Bedeutung und Probleme des Mercerisierens in derBaumwollindustrie.Magyar Textiltechn. **22** (1970) 5, S. 241–243.

Roberts, E. J., Brannan, M. A. F., Rowland, St. P.: Wesen und Umfang der Vernetzungen in chemisch modifizierter Baumwoll-Cellulose. Textile Res. J. **40** (1970) 3, S. 237–243.

Bouillon, G.: Modifizierungsreaktionen an Polyamidfäden. Eine Literaturübersicht. Teil I. Pfropfcopolymerisationen mit Styrol und Styrolderivaten. Faserforsch. u. Textiltechnik **21** (1970) 8, S. 348–359.

Nagy, M.: Verpackungsfragen der Textil-Meterwaren. Magyar Textiltechn. **22** (1970) 5, S. 158–159.

Amigud, V. B., Vasil'eva, T. A., Kuchtin, A. V., Fadeeva, A. V.: Wasserlösliche Polyvinylalkoholfolien. Plast. Massy, Moskva (Plast. Massen) (1970) 6, S. 64–65.

Mel'nikov, B. N., Bliničeva, I. B.: Einsatz organischer Lösungsmittel und Textilhilfsmittel zur Regulierung der Sorptions- und Diffusionsprozesse von Farbstoffen in polymeren Faserstoffen. Z. vsesojuz. chim. Obšč. Mendelejew (Z. chem. Allunions-Mendelejew-Ges.) **15** (1970) 3, S. 263 bis 271.

Babkin, I. Ju., Gordeev, Ju. M., Kitaev, K.N.: Pfropfung von Acrylnitril aus der Gasphase auf ultradünne Perchlorvinylfäden. Chim. Volokna (Chem. Fasern) (1970) 3, S. 1–15.

Die Thermodrucktechniken. Off. Ind. Maille (1970) 54, S. 16–17.

Wäscherei. Chemische Reinigung

Wilke, G.: Maschinen für die Textilreinigung auf der Leipziger Frühjahrsmesse. Textilreinigung **17** (1970) 6, S. 176–183.

VI. Werkstoffprüfung. Meß- und Prüftechnik. Standardisierung

Eigenschaften und Fehler der Textilmaterialien u. a.

Morini, C., Malek, G.: Grunduntersuchung der argentinischen Schurwolle. Galaxia, Buenos Aires (1970) 30, S. 22, 25.

Telegdy, I.: Über die Auswirkung der thermischen Behandlung auf die physikalisch-mechanischen Eigenschaften von Polypropylenfasern. Magyar Textiltechn. **22** (1970) 6, S. 295–298.

Ruess, U.: Über das dynamisch-elastische Verhalten von Hochpolymeren in anwendungstechnischer Sicht. Plaste u. Kautschuk **17** (1970) 6, S. 394 bis 409.

Mikut, R.: Beitrag zur Bestimmung des Verhaltens von Bauschen und Fäden bei Druckeinwirkung. Teil I. Analyse des Druck-Verformungs-Verhaltens und Auswahl des Prüfverfahrens. Faserforsch. u. Textiltechnik **21** (1970) 8, S. 323–332.

Knitter und Falten in synthetischer Schlauchware sind vermeidbar. Wirk.- u. Strick.-Technik **20** (1970) 7, S. 438.

Nametz, R. C.: Feuerhemmende synthetische Textilfaserstoffe. IEC. Ind. engng. Chem. **62** (1970) 3, S. 41–53.

Lemin, D. R., Taylor, J. R.: Wärmeechtheitseigenschaften von Duranol- und Dispersol-Farbstoffen bei Anwendung auf Terylene-Kammzug. Internat. Dyer, Textile Printer, Bleacher, Finisher **141** (1970) 7, S. 451 bis 452.

v. Hornuff, G., Gärtner, R.: Studien zum Oberflächenverhalten von Faserstoffen. II. Melliand Textilber. internat. **51** (1970) 7, S. 799–805.

Nüsslein, J.: Informationsbedürfnis und Informationsmöglichkeit im Bereich der Bekleidungstextilien. Lenzinger Ber., Lenzing/Österr. (1970) 29, S. 42–58.

Meß- und Prüftechnik

Mauer, W., Bergmann, I., Mothes, W.: Testungen von Wäschereileistungen und Waschmitteln. Textilreinigung **17** (1970) 6, S. 162–165.

Juilfs, J.: Über das Deformations- und Bruchverhalten von Fasern. Lenzinger Ber., Lenzing/Österr. (1970) 29, S. 16–25.

Schreyer, G.: Der Einfluß der Witterung auf die Eigenschaften von Methacrylat-Polymeren. Angew. makromol. Chemie, Basel **11** (1970) S. 159 bis 173.

Wiesner, L.: Radiometrische Kontrolle der industriellen Verfahren auf dem Textilsektor. I. II. Textilis, Gent **26** (1970) 2, S. 13–14; 16–17; 3, S. 26, 28–30. (franz.)

Kočevar, F., Bukóšek, V., Fajdiga, F.: Quantitative mikroskopische Querschnittsmethode zur Analyse von Faserstoffmischungen. Melliand Textilber. internat. **51** (1970) 7, S. 741–743.

Ar'ev, A. M., Sotnikov, A. V.: Vorrichtung zur Messung der dielektrischen Kriterien von Folien während ihrer Verformung in einem breiten Geschwindigkeits- und Temperaturbereich. Zavodsk. Labor., Moskva (Betriebslabor) **36** (1970) 5, S. 624–625.

Vogel, U.: Der Accelerotor — ein universelles Prüfgerät zur Bestimmung der Oberflächenbeständigkeit von textilen Flächengebilden für Bekleidung. Bekleid. u. Maschenware **9** (1970) 3, S. 107–109.

Hiramatsu, T.: Analytische Untersuchung des Streck/Reiß-Prozesses. Teil 3: Grundlegende Untersuchung des Streck/Reiß-Prozesses mit Fasern begrenzter Länge. J. Textile Mach. Soc., Japan **15** (1969) 5, S. 157–170.

Carbonell, M., Compto, R.: Einfluß der Verwendung verschiedener Lösungsmittel bei der Extraktion von Fetten aus Baumwolle. Invest. Inform. textil, Barcelona **13** (1970) 1, S. 21–39.

Standardisierung. Terminologie

Uhlmann, R. H.: Terminologie der Wirkerei und Strickerei. Melliand Textilber. internat. **51** (1970) 7, S. 795–796.

Standards für die Wirkerei und Strickerei entwerfen einen neuen Qualitätskurs. Textile World **120** (1970) 1, S. 57.

VII. Betriebstechnik. Ökonomie. Tagungsberichte und dgl.. Sonderfragen

Betriebstechnik

Kozmutza, P.: Elektronische Rechenmaschinen und integrierte Datenverarbeitung im Dienste der Techniker. Magyar Textiltechn. **22** (1970) 5, S. 255–257.

Wegener, W., Guse, R.: Die auf einem Computer durchgeführte Berechnung des Leistungsdichtespektrums von Faserverbänden. Textil-Praxis **25** (1970) 6, S. 346–348.

Dietze, M.: Leistungsstarker Reaktor für Polyesterschmelze. Technik im Bild (1970) 24, S. 3–6. In: VDI-Nachr. **24** (1970) 24.

Ulbricht, J.: Zu Problemen des Einheitssystems der automatisierten Verfahrenstechnik stoffumwandelnder Prozesse. Chem. Technik **22** (1970) 6, S. 321–324.

Goichrach, A. I., Stepin, B. D.: Anwendung von Polymerstoffen bei der Herstellung besonders hochreiner Stoffe. Chim. Prom. (Chem. Ind.) (1970) 6, S. 22 (422)–26(426).

Ionen-selektive Elektroden für die Unterstützung der Verschmutzungskontrolle. Internat. Dyer, Textile Printer. Bleacher, Finisher **143** (1970) 6, S. 393.

Modernisierung erhöht Garnproduktion um 35% und Gewebeproduktion um 8%. Textile World **120** (1970) 3, S. 54–59.

Ökonomie

Smith, Ph., Weaver, T.: Wie man Färberei und Appretur mit der Kettenwirkerei integriert. Textile Month (1970) 2, S. 80–83.

Glöckner, S.: Gebrauchswert-Kosten-Analyse hilft Investitionskosten senken. Wirtschaft, Ausg. A **25** (1970) 29, S. 9.

Behrendt, K.-H.: Der ökonomische Nutzeffekt bei der Bildung volkseigener Kombinate. Sozialist. Finanzwirtschaft **24** (1970) 12, S. 11–15.

Oppitz, V.: Modell des ökonomischen Zusammenhangs zwischen Serienmäßigkeit und Wirtschaftlichkeit der Produktion. Fertigungstechnik u. Betrieb **20** (1970) 7, S. 401–407.

Wie man interne Leistungsverluste vermeidet. Textile World **120** (1970) 2, S. 54–55.

Riva, A.: Wie stellt man vergleichsweise die Leistungsfähigkeit von Textilbetrieben fest. Panorama tessile, Milano **6** (1969) 44, S. 18–23.

Carpenter, E. L.: Kautschuk in den siebziger Jahren. Chem. engng. News **48** (1970) 18, S. 31–32, 34, 36, 40, 42, 46.

Sonderfragen

Das neue Patentverfahren in der praktischen Bewährung. Patente und Gebrauchsmuster in der chemischen Industrie 1969. Chem. Ztg./Chem. Apparatur **94** (1970) 10, S. 370–371.

Weiske, Ch.: Information und Dokumentation aus der Sicht des Benutzers. Nachrichten Chemie Technik **18** (1970) S. 250–252. In: Angew. Chemie **82** (1970) 12.

Starkemann, R.: Zur Kybernetik wachsender Organisationen. Ind. Organis., Zürich **39** (1970) 6, S. 264–276.

Tischer, K. M.: Projektplanung sowie Kosten- und Effektivitätsprobleme in der Entwicklung. VDI-Z. **112** (1970) 13, S. 826–830.

Stankevič, K. I., Cendrovskaja, V. A.: Hygienische Beurteilung der auf Polymerstoffen angesammelten statischen Elektrizität. Plast. Massy, Moskva (Plast. Massen) (1970) 6, S. 65–67.

T/Ex 71 G.

FETTCHEMIE TEXTIL HILFSMITTEL

zum

Präparieren
Schmälzen
Waschen
Antistatischausrüsten
Avivieren
Hydrophobieren
Hochveredeln

Bitte besuchen Sie uns zur Leipziger Messe

VEB FETTCHEMIE · KARL-MARX-STADT / DEUTSCHE DEMOKRATISCHE REPUBLIK